Rauscheigenschaften von passiv modengekoppelten Ytterbium-Faserlasern

Von der Fakultät für Mathematik und Physik der
Gottfried Wilhelm Leibniz Universität Hannover
zur Erlangung des Grades

Doktor der Naturwissenschaften

Dr. rer. nat.

genehmigte Dissertation

von

Dipl.-Phys. Oliver Prochnow

geboren am 04.04.1980 in Hannover

2010

Bibliografische Information der Deutschen Nationalbibliothek
Die Deutsche Nationalbibliothek verzeichnet diese Publikation in der Deutschen Nationalbibliografie; detaillierte bibliografische Daten sind im Internet über http://dnb.d-nb.de abrufbar.
1. Aufl. - Göttingen: Cuvillier, 2010
Zugl.: Hannover, Univ., Diss., 2010

978-3-86955-236-1

Referent: Prof. Dr. Uwe Morgner, Leibniz Universität Hannover

Korreferent: Prof. Dr. Boris Chichkov, Leibniz Universität Hannover

Tag der Promotion: 11.12.2009

Nonnenstieg 8, 37075 Göttingen
Telefon: 0551-54724-0
Telefax: 0551-54724-21
www.cuvillier.de

1. Auflage, 2010
Gedruckt auf säurefreiem Papier

978-3-86955-236-1

Kurzzusammenfassung

Rauscharme Lasersysteme werden für zahlreiche Anwendungen wie unter anderem die optische Frequenzmetrologie benötigt. Obwohl Faserlaser im Vergleich zu herkömmlich genutzten Ultrakurzpuls-Titan:Saphir-Lasern schlechtere Rauscheigenschaften aufweisen, bieten sie dennoch entscheidende Vorteile wie die Justagefreiheit und geringe Kosten. Allerdings sind die Pulsenergien durch die hohen auftretenden nichtlinearen Effekte limitiert. Durch die Nutzung von „wave-breaking“-freien Pulsen in normal dispersiven Faserlasern ist es allerdings möglich die Pulsenergien gegenüber herkömmlichen Faserlasersystemen um bis zu eine Größenordnung zu erhöhen. Bezüglich der Rauscheigenschaften existieren für dieses Pulsregime jedoch bisher keine detaillierten Untersuchungen.
In dieser Arbeit wurde ein entsprechendes Lasersystem realisiert, und es konnte durch einen Vergleich eines analytischen Modells zur Berechnung der Quantenrauscheinflüsse mit numerischen Simulationen geklärt werden, dass das analytische Modell die Quantenrauscheinflüsse um bis zu 14 dB unterschätzt. Eine Messung des entsprechenden Phasenrauschens der Repetitionsrate zeigte eine optimale Übereinstimmung mit den Ergebnissen der numerischen Simulationen, wodurch gezeigt werden konnte, dass die Rauscheinflüsse nur durch Quantenfluktuationen dominiert waren.
Zur vollständigen Charakterisierung der Rauscheigenschaften wurden zusätzlich das Phasenrauschen einer optischen Linie und das Rauschen der Schlupffrequenz (CEO-Frequenz) untersucht. Diese beiden Parameter sind über das Gummiband-Modell eng miteinander verknüpft. Es konnte gezeigt werden, dass resultierend aus den dominierenden Quantenrauscheinflüssen das optische Phasenrauschen im Vergleich zu dem Rauschen der CEO-Frequenz deutlich niedriger war, und dass der Fixpunkt des Gummibandes innerhalb des optischen Spektrums lag. Entsprechend war die spektrale Rauschleistungsdichte der CEO-Phasenfluktuationen einen Faktor $(\nu_{opt}/f_{Rep})^2$ ($\approx 140\,\mathrm{dB}$) größer als die der Phasenfluktuationen der Repetitionsrate, wodurch sich eine CEO-Frequenz-Linienbreite von ca. 3 MHz ergab.
Insgesamt konnte erstmals experimentell und theoretisch gezeigt werden, dass Faserlaser aufgrund ihrer limitierten Pulsenergie, der großen Pulsdauer und der hohen resonatorinternen Verluste sehr starken Einflüssen von Quantenrauschen unterliegen, woraus sich ein erhöhter zeitlicher Jitter und hohe CEO-Frequenz-Linienbreiten im MHz-Bereich ergeben können. Durch die gewonnenen Erkenntnisse war es möglich, ein neues Konzept für die Realisierung eines sehr rauscharmen Femtosekunden-Faserlasers zu formulieren.

Schlagwörter: Faserlaser, Frequenzkamm, Rauscheigenschaften

Abstract

Ultrafast low-noise lasers are used in optical frequency metrology and various other applications. Although ultrafast fiber lasers have unfavorable noise characteristics compared to commonly used Titanium-sapphire lasers, they offer a variety of essential advantages. Fiber lasers are alignment insensitive and cost effective. However, in fiber lasers the pulse energy is limited due to the strong nonlinear effects inside the fiber. This drawback can be overcome by generating wave-breaking free pulses in all-normal dispersion fiber lasers. This class of fiber lasers enables one order of magnitude higher pulse energies compared to conventionally used fiber lasers. But so far, there have been no detailed investigations on the noise characteristics of all-normal dispersion fiber lasers. In this thesis an all-normal dispersion Ytterbium fiber laser operating in the wave-breaking free pulse regime was realized. The experimentally determined timing jitter of the fiber laser excellently agrees with the results of a numerical model for the quantum noise of the laser, whereas a simple analytical model underestimates the noise spectral density by $\approx 14\,\mathrm{dB}$. The excellent agreement between the numerical model and experimental results proves that the phase noise of the laser system was dominated by quantum noise sources instead of technical noise sources.

To achieve a complete noise characterization, the phase noise of an optical line and the noise of the carrier-envelope-offset (CEO) frequency were measured, which are both closely connected by the rubber-band model. Due to the dominating quantum noise, the optical phase noise was much smaller than the CEO-phase noise leading to a fixpoint of the rubber-band within the optical spectrum. Therefore, the power spectral density of the CEO-phase noise was larger by a factor of $(\nu_{opt}/f_{Rep})^2$ ($\approx 140\,\mathrm{dB}$) compared the power spectral density of the timing phase noise resulting in a CEO-frequency linewidth of $\approx 3\,\mathrm{MHz}$.

In conclusion, it was experimentally as well as theoretically demonstrated that fiber lasers in general underlie stronger influence of quantum noise leading a high timing jitter and to CEO-frequency linewidths of several MHz. The major quantum noise sources in these laser systems were identified to be the limited pulse energy, the long pulse durations and high cavity losses. Based on the results and theoretical considerations of this thesis, a novel concept for an ultra low-noise fiber laser is proposed.

Key Words: Fiber laser, frequency comb, noise characteristics

Inhaltsverzeichnis

1 Einleitung

In den letzten Jahren haben Ultrakurzpulslaser Anwendungen in sehr vielen Bereichen wie Materialbearbeitung, Medizin, Telekommunikation und auch der optischen Frequenzmetrologie gefunden. Die in der Metrologie eingesetzten optischen Frequenzkämme werden durch die Repetitionsrate des Lasers und die CEO-Frequenz (Schlupffrequenz) charakterisiert und bieten die Möglichkeit optische Frequenzen relativ einfach und dennoch mit einer sehr hohen Genauigkeit zu messen [1]. Die entsprechende CEO-Phase beschreibt die Phasenverschiebung des elektrischen Feldes relativ zu der Einhüllenden des Pulses. Durch die Möglichkeit diese Phase zu stabilisieren, wächst auch das Interesse an entsprechenden Systemen für Anwendungen in der extremen nichtlinearen Optik [2], der Attosekundenpulserzeugung [3, 4] und der Erzeugung von Frequenzkämmen im ultravioletten Wellenlängenbereich [5]. Zusätzlich ist der Frequenzkamm das entscheidende Werkzeug für die Realisierung von optischen Uhren [6]. Die enorme Bedeutung von optischen Frequenzkämmen wird dadurch verdeutlicht, dass bereits im Jahr 2005, sechs Jahre nach der ersten Realisierung eines optischen Frequenzkamms, Theodor Hänsch und John L. Hall „für ihre Beiträge zur Entwicklung der auf Laser gegründeten Präzisionsspektroskopie, einschließlich der optischen Frequenzkammtechnik“ den Nobelpreis erhielten [7].
Im Allgemeinen werden bisher hauptsächlich Ultrakurzpuls-Titan:Saphir Laser (Ti:Sa) zur Erzeugung von optischen Frequenzkämmen eingesetzt, da diese Systeme sehr niedrige Rauscheigenschaften aufweisen. Weiterhin decken diese Systeme durch ihren Wellenlängenbereich (600 nm bis 1,2 µm) einen für die Metrologie sehr interessanten Bereich ab, in dem viele optische Übergänge von Atomen liegen. Hierzu zählen potenzielle optische Frequenzstandards wie Yb, Hg^{+} und Al^{+}, die Subharmonische der Uhrenübergänge in dem entsprechenden Wellenlängenbereich aufweisen [8, 9]. Neben den hervorragenden Rauscheigenschaften weisen Ti:Sa Laser aber auch deutliche Nachteile gegenüber Ultrakurzpuls-Faserlasern auf. So können diese Lasersysteme nicht durch Laserdioden gepumpt werden, sondern müssen teilweise durch wassergekühlte, frequenzverdoppelte Festkörperlaser gepumpt werden. Dies führt sowohl zu einer deutlichen Erhöhung der Kosten als auch zu einer Reduktion der Gesamteffizienz und zu relativ großen und komplexen Aufbauten. Hier bieten vollstän-

dig faserbasierte Lasersysteme deutliche Vorteile, da sie kompakter, justagefrei und unter anderem durch die Nutzbarkeit von fasergekoppelten Pumpdioden deutlich kostengünstiger sind.
Allerdings weisen Faserlaser deutlich niedrigere Pulsenergien als Festkörperlaser auf, da die Pulsenergie vor allem durch den Einfluss von nichtlinearen Effekten limitiert ist. Dies gilt speziell für Solitonen-Laser und für Laser, die dispersionsgesteuerte Solitonen emittieren. Durch die Erzeugung von „wavebreaking“-freien Pulsen ist es allerdings möglich geworden, Pulse mit Pulsenergien zu erzeugen, die bis zu eine Größenordnung über der von dispersionsgesteuerten Solitonen liegen [10]. Durch den nahezu vollständig linearen Chirp der Pulse lassen sich diese Pulse auch nahe an ihr Bandbreitenlimit komprimieren. Diese Pulsformen sollten aufgrund ihrer Eigenschaften sehr gut für die Erzeugung von optischen Frequenzkämmen geeignet sein. Allerdings gibt es bisher keine detaillierten Veröffentlichungen bezüglich der Rauscheigenschaften dieser Pulsformen. So war bisher nicht bekannt, ob es durch einfache analytische Modelle möglich ist, die Rauscheigenschaften insbesondere die Phasenfluktuationen der Repetitionsrate und den daraus resultierenden zeitlichen Jitter zu beschreiben, da diese Modelle die komplexe Pulsformung kaum wiedergeben können. Bisher war dies nur für Solitonen-Laser möglich [11]. Durch den Vergleich von einem modifizierten analytischen Modell mit den Ergebnissen eines numerischen Modells und den experimentellen Daten konnte diese Frage in dieser Arbeit erstmals beantwortet werden.
In der Vergangenheit zeigte sich, dass vor allem Ytterbium-Faserlaser im Gegensatz zu Ti:Sa Lasern einen deutlich höheren zeitlichen Jitter und höhere CEO-Frequenz-Linienbreiten im Bereich von einigen MHz aufweisen können, auch wenn durch vollständig faserbasierte Aufbauten technische Rauscheinflüsse stark unterdrückt werden konnten. Damit kann die CEO-Frequenz-Linienbreite für Ytterbium-Faserlaser um bis zu drei Größenordnungen über der von Festkörperlasern liegen. Es zeigte sich allerdings auch, dass die CEO-Frequenz-Linienbreiten von Erbium-Faserlasern typischerweise eine Größenordnung unter der von Ytterbium-Lasern liegen. Der Grund hierfür konnte ebenfalls im Rahmen dieser Arbeit erstmals eindeutig geklärt werden.
Durch die gewonnenen Ergebnisse war es zudem möglich, Richtlinien für die Realisierung von rauscharmen Faserlasern zu formulieren.

Diese Arbeit gliedert sich wie folgt: In Kapitel 2 werden die Grundlagen von Ultrakurzpulslasern erläutert und die wesentlichen Pulsregime kurz vorgestellt. Weiterhin umfasst dieses Kapitel die grundlegenden Aspekte eines optischen Frequenzkamms. Anschließend wird in Kapitel 3 auf den experimentellen Aufbau des Lasers und des optischen Verstärkers inklusive der zugehörigen Charakterisierung eingegangen. Zusätzlich wird die Pulsentwicklung innerhalb des Resonators mit Hilfe von numerischen Simulationen diskutiert. Die Erzeugung von oktavbreiten Spektren für die Realisierung eines fest definierten optischen Frequenzkamms sowie das entsprechende f-2f-Interferometer werden in Kapitel 4 beschrieben. In Kapitel 5 wird auf die mathematische Beschreibung von Rauschprozessen durch spektrale Rauschleistungsdichten eingegangen. Weiterhin werden das analytische und das numerische Modell zur Beschreibung von Quantenrauscheinflüssen beschrieben und ein erster Vergleich für ein einfaches Resonatormodell gezogen. Abschließend wird auf die Beschreibung von quantenlimitierten optischen Linienbreiten und die CEO-Frequenz-Linienbreite eingegangen. Die Messungen des Phasenrauschens der Repetitionsrate und des optischen Phasenrauschens werden in Kapitel 6 vorgestellt. Die ausführliche Charakterisierung der CEO-Frequenz und weitere Einflüsse auf diese werden in Kapitel 7 beschrieben. Abschließend werden in Kapitel 8 die wesentlichen Pulsparameter bezüglich ihres induzierten Quantenrauschens diskutiert, und es wird ein Vorschlag für die Realisierung eines rauscharmen Ultrakurzpuls-Faserlasers formuliert. In Kapitel 9 folgt abschließend eine Zusammenfassung.

2 Ultrakurzpulslaser

Durch die Möglichkeit eine konstante Phasenbeziehung zwischen verschiedenen longitudinalen Moden innerhalb eines Verstärkungsspektrums herstellen zu können, lassen sich sehr kurze optische Pulse bis in den Femtosekundenbereich (10^{-15}s) erzeugen. Neben den herkömmlich genutzten Ultrakurzpuls-Festkörperlasern wie Titan:Saphir (Ti:Sa) Lasern, finden Faserlaser eine immer weitere Verbreitung. Diese Systeme zeichnen sich wie in der Einleitung beschrieben durch viele Vorteile gegenüber Festkörperlasern aus.
In diesem Kapitel werden die Grundlagen der Modenkopplung erläutert. Nach einer kurzen Beschreibung von linearen und nichtlinearen Effekten, die während der Propagation eines Pulses auftreten, werden die drei wesentlichen Pulsregime in Faserlasern sowie die Grundlagen eines optischen Frequenzkamms beschrieben.

2.1 Modenkopplung

In einem Verstärkungsmedium mit einer großen Emissionsbandbreite können viele longitudinale Moden eines Lasers gleichzeitig anschwingen. Typischerweise schwingen alle diese Moden ohne eine feste Phasenbeziehung untereinander. Dadurch entsteht für einige Moden eine konstruktive und zum gleichen Zeitpunkt für andere eine destruktive Interferenz. Aus statistischen Gründen schwankt die Laserleistung daher nur schwach um einen Mittelwert, und es liegt ein kontinuierlicher Betrieb vor.
Um ultrakurze Pulse generieren zu können, müssen eine Vielzahl der optischen Moden phasenstarr gekoppelt werden. Dazu wird die Lichtleistung innerhalb des Resonators mit einer Frequenz moduliert, die exakt der Umlaufzeit des Lichts im Resonator entspricht, wodurch sich im Frequenzraum Seitenbänder ausbilden, die genau den Resonatormoden entsprechen und zueinander in Phase schwingen. Somit können nahezu alle Moden innerhalb eines optischen Spektrums phasengekoppelt werden.
Im Zeitbild lässt sich die Pulserzeugung durch die Modenkopplung intuitiver verstehen. Hierfür sind in Abbildung 2.1 vier verschiedene Moden mit unterschiedlicher Frequenz und gleicher Amplitude dargestellt. Wenn diese Moden

phasenstarr gekoppelt sind, entsteht durch Superposition der einzelnen elektrischen Felder eine konstruktive Interferenz, und es kommt zur Ausbildung von kurzen Pulsen mit hoher Intensität und einem zeitlichen Abstand T, der der inversen Repetitionsrate des Lasers entspricht. Zwischen den Pulsen sinkt die Intensität aufgrund der destruktiven Interferenz nahezu auf Null.

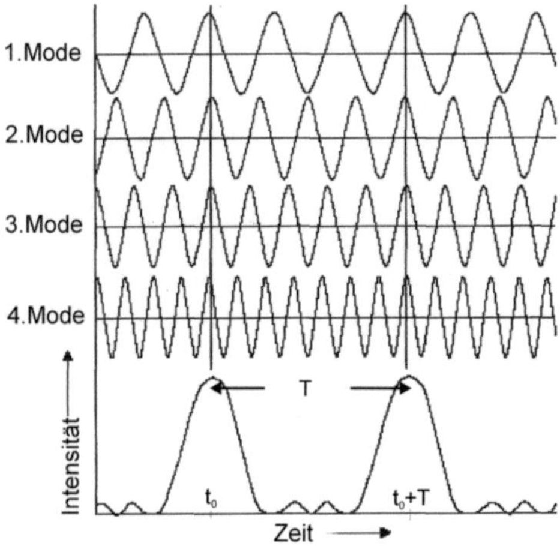

Abbildung 2.1: Zeitverhalten der Intensität für den Fall von vier Moden mit konstanter Phasenbeziehung und identischen Amplituden.

Durch den Zusammenhang der Frequenz- und Zeitdomäne über eine Fouriertransformation liefert ein breiteres Spektrum einen kürzeren (bandbreitenbegrenzten) Puls.
Die für die Modenkopplung benötigen Modulationen werden hauptsächlich durch Amplituden-, aber auch durch Phasenmodulationen realisiert. Diese können sowohl aktiv als auch passiv erzeugt werden [12]. Bei der aktiven Modenkopplung werden beispielsweise elektrooptische oder akustooptische Modulatoren genutzt [13]. Mit diesen Modulatoren wird das Laserlicht exakt mit der Umlauffrequenz des Resonators moduliert, und es können Pulse bis in den Pikosekundenbereich (10^{-12} ps) generiert werden.

Die Erzeugung von noch kürzeren Pulsen wird vor allem durch die Schaltzeiten der Modulatoren begrenzt. Um kürzere Pulse im Femtosekundenbereich zu realisieren, werden passive Modenkopplungsmechanismen genutzt, bei denen das Laserlicht selbst diese Modulationen hervorruft. Eine Möglichkeit der Umsetzung von passiver Modenkopplung ist die Verwendung von sättigbaren Absorbern, die aus dünnen Halbleiterschichten wie InGaAs oder GaAs bestehen. Diese optisch nichtlinearen Materialien besitzen einen Absorptionskoeffizienten, der mit zunehmender Einstrahlungsintensität geringer und ab einer gewissen Intensität, der Sättigungsintensität, optisch durchlässig wird. Propagiert ein optischer Puls durch einen sättigbaren Absorber, erfahren die Pulsflanken höhere Verluste als das Pulsmaximum, da diese niedrigere Intensitäten aufweisen. Hierdurch kommt es im Zeitbild zu einer Pulsverkürzung und im Frequenzbild zu der Erzeugung von neuen Moden.

In Faserlasern wird häufig ein Modenkopplungsmechanismus eingesetzt, der auf der Ausnutzung des nichtlinearen Brechungsindex beruht. Diese Möglichkeit erlaubt es vollständig faserbasierte Lasersysteme zu realisieren, bei denen auf die Verwendung von sättigbaren Absorbern als zusätzliches Bauelement verzichtet werden kann. Für den Brechungsindex gilt nach Ref. [14]:

$$n(\omega, I) = n_0(\omega) + n_2 \cdot I \qquad \text{mit} \quad n_2 = \frac{3Re\chi^{(3)}}{8n_0(\omega)}, \tag{2.1}$$

wobei n_0 den linearen und n_2 den nichtlinearen Brechungsindex bezeichnet, der auf der Suszeptibilität dritter Ordnung $\chi^{(3)}$ eines Kerrmediums basiert. Typische Werte für n_2 liegen für Quarzglasfasern im Bereich (2,0 -3,4)$\cdot 10^{-20}\,\frac{\mathrm{m}^2}{\mathrm{W}}$ [14]. Die Antwortzeiten des nichtlinearen optischen Effekts liegen unterhalb von 10 fs [15], wodurch es in Kombination mit einer Amplituden- oder Phasenmodulation möglich ist, Pulsdauern deutlich unterhalb von 100 fs zu realisieren.
Der intensitätsabhängige Brechungsindex führt zeitlich gesehen zu Selbstphasenmodulation (SPM; engl.: self-phase modulation) [14] und Kreuzphasenmodulation (XPM; engl.: cross-phase modulation) [14], wobei sich die Phase eines Pulses während der Propagation intensitätsabhängig ändert. Im Gegensatz zu einem linear oder zirkular polarisierten Eingangssignal erfolgt für ein elliptisch polarisiertes Eingangssignal aufgrund der induzierten akkumulierten Phasenverschiebung durch SPM und XPM eine Änderung des Polarisationszustandes. Da die induzierten Phasenverschiebungen intensitätsabhängig sind, wird die Polarisation der Flanken eines Pulses weniger stark gedreht als die Polarisation des Pulsmaximums. Diese Änderung wird als nichtlineare Polarisationsentwicklung (NPE; engl.: nonlinear polarization evolution) bezeichnet und ist in Abbildung 2.2 schematisch dargestellt.
Durch Selektion der Polarisationsrichtung des Pulsmaximums an einem Ana-

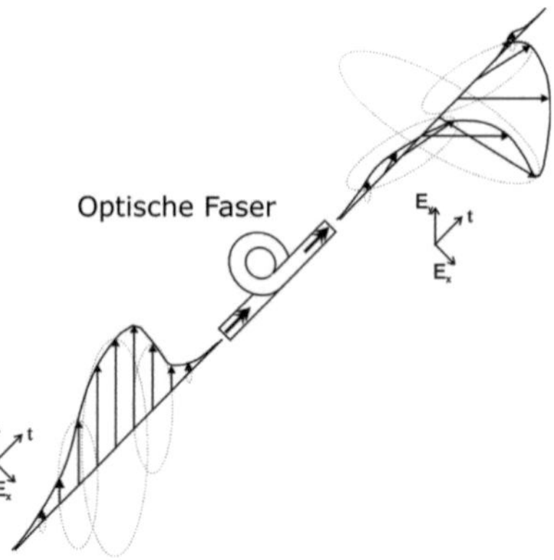

Abbildung 2.2: Schematische Darstellung der intensitätsabhängigen Polarisationsdrehung.

lysator wie beispielsweise einem Polarisationsstrahlteiler, kann das Pulsmaximum in den Resonator zurückgekoppelt werden, wodurch es im Zeitbild zu einer Unterdrückung der Pulsflanken und somit zu einer periodischen Pulsverkürzung kommt, die durch dispersive Effekte limitiert ist [16].
Dieser Modenkopplungsmechanismus, basierend auf der NPE, wird auch als virtueller sättigbarer Absorber bezeichnet. Allerdings ist diese Form des sättigbaren Absorbers nicht wie der reale Absorber durch Relaxationszeiten und Zwei-Photonenabsorption limitiert. Die Limitierungen werden in Kapitel 3.3 beschrieben.
Neben der phaseninduzierten Polarisationsdrehung führt SPM auch zu der Erzeugung von zusätzlichen Frequenzkomponenten in dem Spektrum eines propagierenden Pulses. Diese Verbreiterung basiert auf der Zeitabhängigkeit der Phase des Intensitätsprofils $I(t)$. Da die Ableitung der zeitabhängigen Phase der momentanen Zentralfrequenz $\Delta\omega(t)$ des Signals entspricht, ist die momentane Frequenz proportional zu dem nichtlinearen Anteil des Brechungsindex und es gilt:

$$\Delta\omega(t) \propto -n_2 \frac{dI(t)}{dt}. \tag{2.2}$$

Hieraus resultiert, dass (für ein positives n_2) die momentane Zentralfrequenz eines Pulses, der in einer optischen Faser propagiert, am Anfang des Pulses abnimmt, während sie am Ende des Pulses zunimmt. Dies ist in Abbildung 2.3

skizziert. Der Effekt der sich zeitlich verändernden instantanen Frequenz wird als Chirp bezeichnet, wobei ein positiver Chirp eine zunehmende und ein negativer Chirp eine abnehmende instantane Frequenz bezeichnet.

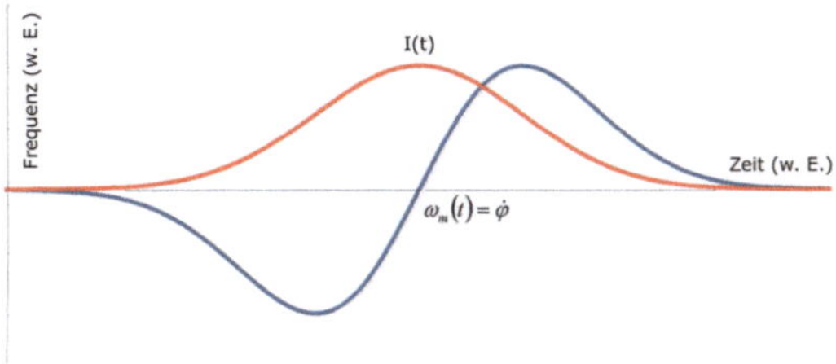

Abbildung 2.3: Verlauf der Intensität I(t) und der momentanen Frequenz $\omega_m(t)$ eines Gaußpulses unter Einfluss von SPM.

Durch den Einfluss der SPM werden für ungechirpte und positiv gechirpte Pulse neue Frequenzanteile generiert, wenn die Verschiebung der momentanen Zentralfrequenz größer wird als die Bandbreite des existierenden Spektrums. Diese neuen Frequenzkomponenten schwingen in Phase mit den bereits existierenden Frequenzen, wodurch die spektrale Verbreiterung zu einer abnehmenden bandbreitenbegrenzten Pulsdauer führt. Um den Einfluss der nichtlinearen Effekte quantifizieren zu können, lässt sich die nichtlineare Länge L_{nl} angeben, die definiert ist als [14]:

$$L_{nl} = \frac{1}{\gamma P_0}; \qquad \gamma = \frac{2\pi n_2}{\lambda A_{\text{eff}}}. \tag{2.3}$$

Hierbei ist γ der Nichtlinearitätskoeffizient, P_0 die Spitzenleistung des Pulses und A_{eff} der effektive Modenfelddurchmesser der Faser. Für γ ergeben sich für Quarzglasfasern Werte im Bereich zwischen $0{,}7 \cdot 10^{-3}\,\frac{1}{\text{Wm}}$ und $3{,}3 \cdot 10^{-3}\,\frac{1}{\text{Wm}}$ für Wellenlängen im Bereich von 1 bis 1,5 µm [14].
Für höhere Intensitäten können zusätzlich auch höhere nichtlineare Effekte wie beispielsweise die Selbstaufsteilung eine Rolle spielen [14]. Ein weiterer nichtlinearer Effekt, der in einem Ultrakurzpulslaser auftreten kann, ist die Ramanstreuung, die eine nicht instantane, nichtlineare Antwort eines transparenten Mediums auf eine hohe Intensität des Lichtes darstellt [14]. Dieser Effekt entsteht durch Photonen, die an optischen Phononen des Kristalls inelastisch gestreut werden. Die durch die Streuung abgegebene Energie führt zu einer Verschiebung des optischen Pulses von 13,2 THz zu höheren [14].

Der Effekt der Brillouinstreuung, der auf der Streuung des Lichtes an akustischen Phononen basiert, tritt in Ultrakurzpulslasern nicht auf, da die Pulsdauern in diesen Lasern unterhalb der Antwortzeit der akustischen Phononen liegen.

2.2 Pulsformen

Durch die Realisierung der Modenkopplung ist es möglich, sehr kurze Pulse und somit sehr breite Spektren zu erzeugen. Hierdurch spielen neben nichtlinearen Effekten bei der Pulserzeugung auch dispersive Effekte eine entscheidende Rolle. Diese basieren auf dem linearen Brechungsindex n_0 (siehe Gleichung (2.1)). Durch diesen lässt sich die Phasengeschwindigkeit v_{Ph} einer monochromatischen Welle angeben als:

$$v_{Ph}(\omega) = \frac{\omega}{k} = \frac{c_0}{n(\lambda)}. \tag{2.4}$$

Hierbei ist $k = \frac{2\pi}{\lambda}$ die Wellenzahl, $c_0 \approx 3 \cdot 10^8 \frac{\mathrm{m}}{\mathrm{s}}$ die Vakuumlichtgeschwindigkeit und $n(\lambda)$ der lineare Brechungsindex der jeweiligen Wellenlänge. Die Ausbreitungsgeschwindigkeit der Einhüllenden eines Pulses wird hingegen durch die Gruppengeschwindigkeit v_{Gr} beschrieben:

$$v_{Gr}(\omega) = \frac{d\omega}{dk} = \frac{c_0}{n(\omega) + \omega\frac{dn}{d\omega}}. \tag{2.5}$$

Um die Dispersion, die auf einen propagierenden Puls einwirkt, genauer beschreiben zu können, ist es hilfreich, den Betrag des Wellenvektors $k(\omega)$ in eine Taylorreihe um die Mittenfrequenz ω_0 zu entwickeln. Hierfür gilt die Bedingung, dass die Wechselwirkung des elektrischen Feldes mit dem Medium nicht resonant ist. Abseits von Absorptionsfrequenzen des Mediums gilt nach Ref. [14]:

$$\begin{aligned} k(\omega) = \frac{\omega}{c} n_0(\omega) = \beta_0(\omega_0) \\ + \beta_1(\omega_0)(\omega - \omega_0) \\ + \frac{1}{2}\beta_2(\omega_0)(\omega - \omega_0)^2 \\ + \frac{1}{6}\beta_3(\omega_0)(\omega - \omega_0)^3 + \ldots, \end{aligned} \tag{2.6}$$

mit

$$\beta_m = \left(\frac{d^m\beta}{d\omega^m}\right)_{\omega=\omega_0}; \qquad (m = 0, 1, 2, \ldots), \tag{2.7}$$

wobei β_1 die inverse Gruppengeschwindigkeit und β_2 die Gruppengeschwindigkeitsdispersion oder GVD (engl.: group velocity dispersion) bezeichnet. β_3 ist die Ableitung der GVD und wird als Dispersion dritter Ordnung oder TOD (engl.: third order dispersion) bezeichnet.
Aufgrund der Gruppengeschwindigkeitsdispersion läuft ein Puls in einem dispersiven Medium zeitlich auseinander, wodurch ein Chirp entsteht. Normale Dispersion bedeutet, dass sich rote Spektralkomponenten schneller als blaue bewegen (positiver Chirp). Für anomale Dispersion ist es umgekehrt (negativer Chirp). Der Einfluss der Dispersion kann durch die Angabe einer Dispersionslänge L_d quantifiziert werden. Diese ist definiert als die Strecke nach der die Pulsdauer eines bandbreitenbegrenzten Pulses mit einer Pulsdauer T_0 bis auf $T_0 \cdot \sqrt{2}$ angewachsen ist [14]. Es gilt:

$$L_d = \frac{T_0^2}{|\beta_2|}. \tag{2.8}$$

Durch das Zusammenspiel von dispersiven und nichtlinearen Effekten in einem Laser ist es möglich, verschiedene Pulsformen zu realisieren. Diese werden durch einen sättigbaren Absorber initiiert und müssen sich nach einem Resonatorumlauf reproduzieren. Im Folgenden sollen kurz die drei wichtigsten Pulsformen, die in einem Ultrakurzpuls-Faserlaser erzeugt werden können, dargestellt und ihre Unterschiede aufgezeigt werden.

2.2.1 Solitonen

Zunächst soll ein Wellenpaket betrachtet werden, das sich während der Propagation in einer optischen Faser zeitlich und räumlich nicht verändert. Ein entsprechendes Wellenpaket wird als fundamentales Soliton bezeichnet und bildet sich auf einer anomalen Dispersionsstrecke aus, wenn es dem Einfluss von SPM unterliegt. Hierbei wird der durch Selbstphasenmodulation entstehende Chirp durch die anomale Dispersion exakt kompensiert, wenn die Dispersionslänge L_d (Gleichung 2.8) gleich der nichtlinearen Länge L_{nl} (Gleichung 2.3) ist [17]. In diesem Fall sind die Phasenbeiträge der GVD und der SPM exakt ausbalanciert. Das Verhältnis von L_d und L_{nl} beschreibt das Quadrat der Solitonenordnung N ($N = 1$ beschreibt ein fundamentales Soliton) und es gilt:

$$N^2 = \gamma \frac{P_0 T_0^2}{|\beta_2|}. \tag{2.9}$$

Hieraus folgt das Soliton-Flächentheorem, das eine Verbindung zwischen der Pulsenergie des Solitons E_S und der Pulsdauer bei einer bestimmten Dispersion und Nichtlinearität beschreibt [14]:

$$E_S \cdot T_0 = \frac{2\,|\beta_2|}{\gamma}. \tag{2.10}$$

Die Limitierung der Pulsenergie führt dazu, dass überschüssige Energie in Form von dispersiven Wellen abgestrahlt wird [18]. Diese nicht-solitonische Strahlung (NSR; engl.: non solitonic radiation) weist eine andere Phasengeschwindigkeit als die einzelnen spektralen Komponenten auf.
Die Pulse propagieren bandbreitenbegrenzt in einem Resonator, wodurch sie starken nichtlinearen Effekten unterliegen, die sich destabilisierend auf den Puls auswirken [14]. Ebenso destabilisierend wirken Dispersionseffekte höherer Ordnung wie TOD [19]. Da Solitonen generell auch störenden Einflüssen wie Verlusten und Verstärkung unterliegen, propagieren sie nie als ideale Solitonen, wodurch sie ständig Energie in Form von dispersiven Wellen abstrahlen. Die typischen Pulsenergien von Soliton-Lasern liegen im Bereich einiger 100 pJ.

2.2.2 Dispersionsgesteuerte Solitonen

Mit der Einführung eines Dispersionsmanagements innerhalb eines Laserresonators durch unterschiedlich dispersive Fasersegmente ist es möglich, die Energiekopplung an den nicht-solitonischen Untergrund zu verhindern. Dieses Konzept wurde erstmals 1993 von Tamura et al. vorgeschlagen und sah eine effektiv leicht anomale Gesamtdispersion des Resonators vor, um die induzierten Phasenbeiträge der SPM auszugleichen [20, 21]. Durch das Dispersionsmanagement ist eine chirpfreie Propagation des Pulses nicht mehr möglich, da eine normale dispersive Faserstrecke keine Ausbildung von Solitonen erlaubt. In diesem Fall kann sich keine Balance zwischen den durch GVD und SPM induzierten Phasenbeiträgen einstellen, da sie kumulativ wirken. Entsprechend propagiert der Puls gechirpt, wobei das Vorzeichen des Chirps jeweils in einem Fasersegment wechselt, und der Puls an dieser Stelle bandbreitenbegrenzt ist. Die maximalen Pulsdauern erreicht der Puls an den Übergängen der Fasersegmente mit entgegengesetztem Dispersionsvorzeichen. Durch diese Chirpdynamik wird eine kohärente Kopplung des Pulses an die NSR vermieden [22]. Ein weiterer Vorteil des Chirps ist eine kleinere über einen Resonatorumlauf gemittelte Pulsspitzenleistung. Daher wird eine Balance der reduzierten induzierten Phasenbeiträge durch SPM mit der effektiv anomalen Gesamtdispersion des Lasers erst bei höheren Pulsenergien erreicht, wodurch die maximale Energie der Pulse gegenüber fundamentalen Solitonen um ca. eine Größenordnung auf über 2 nJ skaliert werden kann [10]. Eine genauere Beschreibung dispersionsgesteuerten Solitonen (engl.: dispersion managed solitons) findet sich beispielsweise in Ref. [23].

Die hauptsächliche Limitierung der maximalen Pulsenergie einer solchen Anordnung basiert auf dem Phänomen des „optischen Wellenbrechens“ in normal dispersiven Fasersegmenten (im Folgenden als OWB bezeichnet; engl.: optical wave-breaking). Für hohe Pulsspitzenleistungen kann ein SPM-induzierter Chirp dafür sorgen, dass der entsprechende rotverschobene Teil der führenden Pulsflanke schneller propagiert als der durch GVD verschobene Anteil, wodurch dieser überholt wird. Umgekehrt gilt es für den blauverschobenen Anteil [24]. Die jeweiligen Frequenzkomponenten interferieren, wodurch Oszillationen an den Pulsflügeln entstehen. In der Frequenzdomäne kann dieses Phänomen als Vierwellenmischprozess erklärt werden, da durch die Mischung zweier unterschiedlicher Frequenzen ω_1 und ω_2 in den Flanken des Pulses neue Frequenzen bei $2\omega_1 - \omega_2$ und $2\omega_2 - \omega_1$ entstehen [14].

Es konnte gezeigt werden, dass der Einfluss des OWB vor allem von der Linearität des Chirps des Pulses abhängt. Sobald der Chirp eines Pulses nicht mehr linear ist, wird ein Puls durch OWB destabilisiert [24].

Um diese Destabilisierung zu vermeiden ist es nötig, Pulse mit einem vollständig linearen Chirp zu erzeugen. Dieses ist allerdings nur für Pulse möglich, die ein parabolisches Zeitprofil aufweisen. Die Erzeugung dieser Pulsformen wird im nächsten Abschnitt beschrieben.

Eine weitere Möglichkeit diese Destabilisierung zu verhindern, ist die Verwendung von dissipativen Mechanismen [25] wie spektrales oder zeitliches Filtern. Solche Filtereffekte werden vor allem für Pulsformen genutzt, die in Resonatoren mit hoher normaler Gesamtdispersion propagieren. In dem nächsten Abschnitt wird auch diese Pulsformung näher erläutert.

2.2.3 „Wave-breaking"-freie Pulse

Von Fermann et al. konnte gezeigt werden, dass sich bei der Propagation in einer normal dispersiven Faser, unabhängig von dem Eingangspuls, eine zeitlich parabolische Form ausbildet [26]. Diese weist eine parabolische Phase und entsprechend einen linearen Chirpverlauf auf, der auch für hohe Pulsspitzenleistungen erhalten bleibt. Diese Pulsformen wurden erstmals in einem normal dispersiven Faserverstärker realisiert, in dem sie selbstähnlich propagierten, was bedeutet, dass jeder Puls ein Abbild seiner selbst war [26]. Im Allgemeinen bilden diese Pulsformen die Lösung der erweiterten nichtlinearen Schrödinger-Gleichung (mit Verstärkung) (siehe Kapitel 3.4) für eine unendliche Propagationsdistanz [26]. Es konnte gezeigt werden, dass diese Pulse eine akkumulierte nichtlineare Phase (B-Integral [27]) von bis zu $16\,\pi$ erreichen können, ohne dass destabilisierende Effekte wie OWB auftreten [28]. Ein ausführlicher Überblick über die Erzeugung von parabolischen Pulsen oder deren Verstärkung findet sich in Ref. [29].
Das Konzept eines Lasers, der parabolische Pulsformen unterstützt, wurde von Peacock et al. im Jahr 2000 vorgeschlagen [30] und zum ersten Mal von Ilday et al. [31] im Jahr 2004 umgesetzt. Der Laser wies durch ein lineares Dispersionsmanagement eine leicht normale Gesamtdispersion auf, und die erzeugten Pulse zeigten in ihrem Zentralteil eine nahezu parabolische spektrale Form mit stark abfallende Flanken. Weiterhin waren sie zeitlich immer stark positiv gechirpt. Durch den linearen Chirpverlauf war eine sehr gute Komprimierbarkeit der Pulse bis nahe an das Fourierlimit möglich.
Wie bereits erwähnt, führt die Nutzung von dissipativen Mechanismen ebenfalls zu einer Resistenz gegen OWB. Die Verwendung von spektralen Filtern wurde erstmals von Proctor et al. in einem Ti:Sa Laser gezeigt [32]. Diese Methode erzeugt eine zusätzliche Amplitudenmodulation und stabilisiert somit die Modenkopplung (siehe Kapitel 2.1). In Faserlasern wurde dieser Ansatz erstmals von Chong et al. genutzt, um einen Laseroszillator zu realisieren, der nur aus normal dispersiver Faser bestand und kein Dispersionsmanagement aufwies. Durch die Nutzung eines spektralen Filters ist es möglich, die zeitlichen und spektralen Änderungen, die innerhalb eines Resonatorumlaufs auftreten, zurückzuführen. Aufgrund des hohen Chirpfaktors in normal dispersiven La-

sern passieren die einzelnen spektralen Anteile einen bestimmten Punkt im Resonator zu unterschiedlichen Zeiten. Hierdurch entspricht eine spektrale Filterung gleichzeitig auch immer einer zeitlichen Filterung und umgekehrt. Das Prinzip ist in Abbildung 2.4 dargestellt.

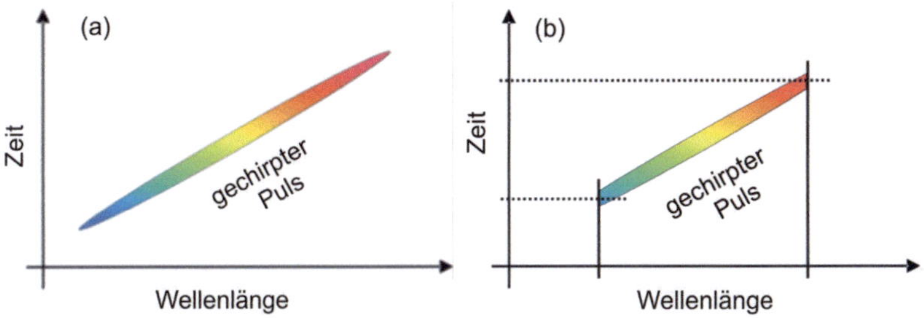

Abbildung 2.4: Spektrales Filtern von stark gechirpten Pulsen. (a) gechirpter Puls, (b) gefilterter Puls.

Aufgrund der Stabilisierung gegen OWB und die zusätzlichen Amplitudenmodulationen durch ein optisches Filter war es möglich einen stabilen Pulsbetrieb mit Ausgangsenergien von bis zu 20 nJ [33] und Pulsdauern von unter 200 fs zu realisieren [34]. Ausführliche Untersuchungen der Pulsdynamik dieser Pulsformen sind in Ref. [35] dargestellt.

Da eine Energieskalierung mit diesen Pulsformen möglich ist, sind sie interessant für viele Anwendungen wie beispielsweise die optische Frequenzmetrologie. Bisher sind allerdings nur sehr wenige Informationen über die Rauscheigenschaften dieser Pulsformen bekannt, wodurch auch keine Untersuchungen bezüglich ihrer Eignung für die optische Frequenzmetrologie veröffentlicht sind. In dieser Arbeit werden in den nächsten Kapiteln die ersten detaillierten Messungen zu diesem Thema vorgestellt und grundlegende Aussagen über verschiedene Pulsregime und deren Eignung für die Frequenzmetrologie getroffen. Hierbei wird ein fest definierter optischer Frequenzkamm genutzt, dessen Eigenschaften im Folgenden beschrieben werden.

2.3 Optischer Frequenzkamm

Durch die Modenkopplung ist es möglich geworden, eine konstante Phasenbeziehung zwischen den einzelnen Moden eines Spektrums zu erzeugen. Diese

Moden eines Pulses sind im Frequenzraum exakt um die Repetitionsrate getrennt (siehe Kapitel 2.1).

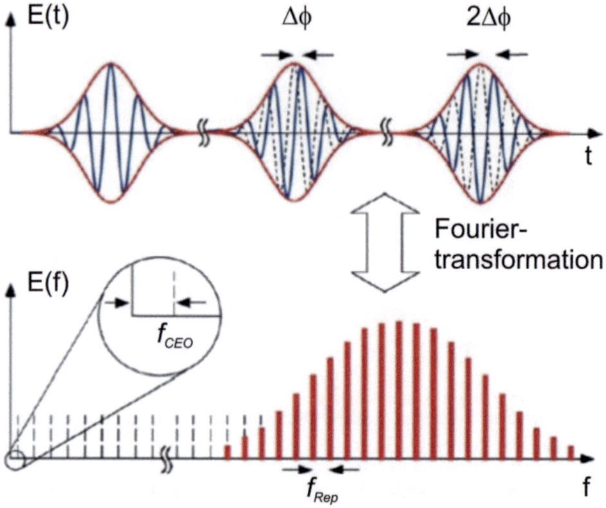

Abbildung 2.5: Schematische Darstellung eines optischen Pulses im Zeitraum (oben) und im Frequenzraum (unten). Im Zeitraum sind die Pulse durch die inverse Repetitionsrate getrennt, und die CEO-Phase ($\Delta\phi$) macht sich als Offset gegenüber dem Maximum der Einhüllenden des elektrischen Feldes bemerkbar. Im Frequenzraum sind alle Moden genau um die Repetitionsrate (f_{Rep}) des Lasers voneinander getrennt, und eine Extrapolation der Moden auf eine Frequenz von Null ergibt die CEO-Frequenz (f_{CEO}). Beide Räume sind über die Fouriertransformation verknüpft.

In der Zeitdomäne sind die Pulse durch die inverse Repetitionsrate getrennt. Bei Betrachtung des elektrischen Feldes von ausgekoppelten Pulsen ändert sich die Phase des elektrischen Feldes von Puls zu Puls. Die Verschiebung des Maximums des elektrischen Feldes gegenüber dem Maximum der Pulseinhüllenden wird als CEO-Phase ($\Delta\phi$) (CEO; engl.: Carrier-envelope-offset) bezeichnet (siehe Abb. 2.5) und entsteht aufgrund des durch Dispersion hervorgerufenen Unterschieds zwischen der Gruppengeschwindigkeit (siehe Gleichung 2.5) und der Phasengeschwindigkeit des Pulses (siehe Gleichung (2.4)).

Die CEO-Phase ist für konstante Phasen (v_{Ph})- und Gruppengeschwindigkeit

(v_{Gr}) definiert als [36]:

$$\Delta\phi = \left(\frac{1}{v_{Gr}} - \frac{1}{v_{Ph}}\right) \cdot L_{Res} \cdot \nu_0 \cdot \mathrm{mod}[2\pi], \tag{2.11}$$

wobei L_{Res} der Resonatorlänge und ν_0 der Trägerfrequenz beschreibt. Weiterhin ist sie durch:

$$\Delta\phi = 2\pi \frac{f_{CEO}}{f_{Rep}} \tag{2.12}$$

mit der CEO-Frequenz f_{CEO} verbunden.
Theoretisch ergibt sich somit die CEO-Frequenz zu:

$$f_{CEO} = \nu_0(1 - v_{Gr}/v_{Ph}). \tag{2.13}$$

Nach dieser Gleichung ergibt sich für einen Faserlaser eine CEO-Frequenz, die im Bereich einiger THz liegt [37]. Da dieser Bereich experimentell nicht zugänglich ist, wird eine Radiofrequenz bei $f_{CEO} - m \cdot f_{Rep}$ als „echte“ CEO-Frequenz definiert, die im experimentell sehr gut zugänglichen Bereich einiger MHz liegt. Diese Frequenz kann als ein durch die entsprechende Ordnung der Harmonischen m dividiertes Signal angesehen werden (siehe Abb. 2.5).

Durch die Definition der CEO-Frequenz lässt sich nun jede beliebige Frequenz einer Mode ν_m innerhalb des optischen Spektrums angeben als:

$$\nu_m = f_{CEO} + m \cdot f_{Rep}. \tag{2.14}$$

Der entscheidende Vorteil dieser Beschreibung ist, dass sich auf diese Weise optische Frequenzen (ν) durch zwei Radiofrequenzen (f) beschreiben lassen, die mit einer Fotodiode und einem Radiofrequenzanalysator gemessen werden können. Die Ordnung der Harmonischen m kann beispielsweise durch die Messung eines Schwebungssignals von einem stabilen longitudinal einfrequenten Laser mit dem Spektrum des modengekoppelten Lasers ermittelt werden.
Im Gegensatz zu der Repetitionsrate ist es nicht möglich die CEO-Frequenz direkt zu messen. Im Allgemeinen wird für die Messung mindestens ein nichtlinearer Prozess benötigt [38]. Die CEO-Frequenz wird über eine Messung von verschiedenen Harmonischenordnungen des optischen Spektrums bestimmt. Wenn die N. Harmonische einer Kammlinie ($N\nu_{m_1} = Nf_{CEO} + Nm_1 f_{Rep}$) mit der

M. Harmonischen einer anderen Kammlinie ($M\nu_{m_2} = Mf_{CEO} + Mm_2 f_{Rep}$) überlagert wird, ergibt sich für das Schwebungssignal:

$$M\nu_{m_2} - N\nu_{m_1} = (M - N)f_{CEO}. \tag{2.15}$$

Hierbei gilt die Voraussetzung, dass $Nm_1 = Mm_2$ ist. Entsprechend ist für diese Prozesse eine minimale spektrale Bandbreite nötig, um das Schwebungssignal zu messen. Daher gilt für die notwendige Frequenzbandbreite:

$$\Delta\nu/\nu = 2(N - M)/(N + M). \tag{2.16}$$

Für die am häufigsten verwendete Methode der Selbstreferenzierung wird ein f-2f-Interferometer genutzt [38]. Das Prinzip ist in Abbildung 2.6 skizziert. Zur Messung der CEO-Frequenz wird das Schwebungssignal zwischen einer Frequenz ν_{2m} und der frequenzverdoppelten Komponente ($2\nu_m$) mit einer Fotodiode vermessen. Daher entspricht $M = 1$ und $N = 2$, und es ist ein oktavbreites Spektrum nötig ($\Delta\nu/\nu = 0,67$) [39].

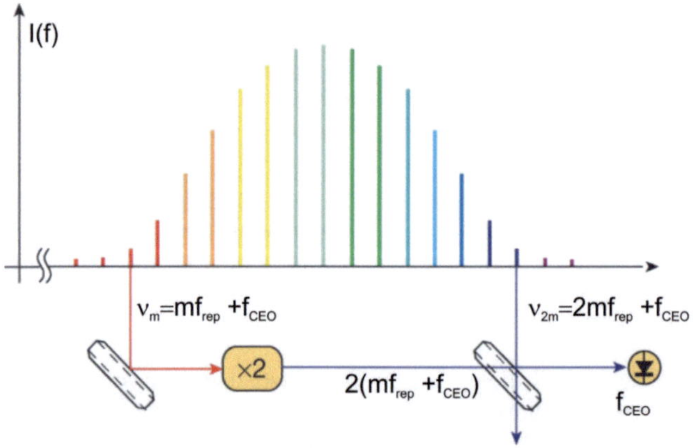

Abbildung 2.6: Schematische Darstellung eines oktavbreiten Spektrums. Zur Messung der CEO-Frequenz wird das Schwebungssignal zwischen einer Frequenz ν_{2m} und der frequenzverdoppelten Komponente ($2\nu_m$) mit einer Fotodiode vermessen.

Das entscheidende Problem ist, dass Laser und insbesondere Faserlaser im Allgemeinen keine oktavbreiten Spektren emittieren. Entsprechend hohe Emissionsbandbreiten konnten bisher nur mit Ultrakurzpuls-Ti:Sa-Lasern erzeugt werden [40]. Durch die Superkontinuumerzeugung in hoch nichtlinearen photonischen Kristallfasern [41] ist es allerdings möglich geworden, die Emissionsspektren eines Lasers trotz niedriger Pulsenergien auf über eine Oktave zu verbreitern. Der Mechanismus der Verbreiterung sowie die Untersuchungen zur Erzeugung von oktavbreiten Spektren werden in Kapitel 4 beschrieben. Zusätzlich wird in dem Kapitel auch das realisierte f-2f-Interferometer zur Bestimmung der CEO-Frequenz vorgestellt. Im folgenden Kapitel 3 wird zunächst das Lasersystem vorgestellt, dass die Grundlage aller Experimente bildet.

3 Aufbau und Charakterisierung des Faserlasersystems

In der Vergangenheit wurden einige Ansätze unternommen, vollständig faserbasierte Ultrakurzpulslaser bei einer Wellenlänge von 1 µm zu realisieren, um vor allem die Justagefreiheit und auch die Entkopplung von technischen Rauschquellen zu gewährleisten. Bei Erbium-Faserlasern, die Pulse bei einer Wellenlänge von 1,5 µm emittieren, lassen sich durch normal und anomal dispersive Quarzglasfasern sehr leicht komplett faserbasierte Laser mit einem internen Dispersionsmanagement realisieren (siehe z.B. Ref. [20]). Dies ist für Ytterbium-Faserlaser bei einer Wellenlänge von 1 µm nicht möglich, da Quarzglasfasern unterhalb von 1,3 µm nur normale Dispersion aufweisen. Daher wurde zu Beginn der Entwicklung dieser Laser ein Dispersionsmanagement durch eine Gittersequenz realisiert [42]. Dies machte allerdings viele Vorteile gegenüber Festkörperlasern wie vor allem die Justagefreiheit und damit die Entkopplung von technischen Rauschquellen zunichte. Daraufhin wurden viele Ansätze verfolgt, um ein faserbasiertes Dispersionsmanagement zu realisieren. Hierfür wurden beispielsweise photonische Kristallfasern (PCF; engl.: photonic crystal fibers) genutzt. Diese bestehen aus einem Quarzglaskern, der von feinen Kapillaren umgeben ist. Der Kerndurchmesser ist typischerweise deutlich kleiner als bei normalen Single-Mode-Fasern (SMF). Durch die Größe des Kerns und der Kapillaren sowie dem Abstand der Luftkapillaren lässt sich der Dispersionsnullpunkt (ZDW; engl.: zero dispersion wavelength) verändern, wodurch sich auch Fasern mit anomaler Dispersion bei einer Wellenlänge von 1030 nm herstellen lassen. Ein Überblick über PCFs findet sich in Ref. [43]. Eine andere Variante dieser speziellen Fasern sind dotierte PCFs [44] oder auch photonische Bandlückenfasern, bei denen das Licht entweder in einem Quarzglaskern oder einem Hohlkern geführt wird. Bei den Hohlkernfasern propagieren über 95 % des Lichtes in Luft, wodurch nichtlineare Einflüsse entsprechend reduziert sind [44]. Alle diese Ansätze für Laser mit faserbasierter Dispersionskompensation sind in den folgenden Veröffentlichungen beschrieben [45, 46, 47, 48]. Allerdings können diese Fasern nur sehr schwer in einen faserbasierten Resonator integriert werden, da das Spleißen an normale Single-Mode-Fasern nur mit hohen Verlusten möglich ist. Zusätzlich wirken sich die hohen auftretenden

nichtlinearen Effekte in den Quarzglas-PCFs als limitierender Faktor der Pulsenergie für den Einzelpulsbetrieb aus. Bei der Nutzung von Hohlkernfasern verhindern auftretende Fresnelreflexe an den Spleißen zu den Quarzglasfasern den modengekoppelten Betrieb in vollständig faserbasierten Systemen [48]. Eine weitere Möglichkeit anomale Dispersion in Fasern zu realisieren, ist die Nutzung von höheren transversalen Moden, die eine andere Dispersion als die Grundmode besitzen. Durch diese „Higher-Order-Mode-Fasern" (HOM) konnte ein rein faserbasierter Laser realisiert werden, mit dem Pulsdauern von 57 fs und Pulsenergien von 0,5 nJ erzeugt werden konnten [49]. Ein ausführlicher Überblick über die Funktionsweise dieser Fasern ist in Ref. [50] gegeben. Für die in dieser Arbeit durchgeführten Experimente stand eine entsprechende Faser nicht zur Verfügung, da sie in einem anderen Projekt genutzt wurde.
Im Rahmen dieser Arbeit wurden daher weitere Ansätze unternommen, um rein faserbasierte Lasersysteme bei 1 µm Wellenlänge zu realisieren. In einem ersten Aufbau wurde auf das Dispersionsmanagement durch anomal dispersive Fasern ganz verzichtet, um die Verluste durch das Spleißen der Fasern zu vermeiden [51]. Es zeigte sich, dass dieser Laser nur unter Nutzung eines sättigbaren Absorberspiegels (SAM; engl.: saturable absorber mirror) in den modengekoppelten Betrieb überging. Im Gegensatz zu einem spektralen Filter wurden die Pulse hier zeitlich durch den SAM gefiltert, wodurch sie sich in einem Umlauf reproduzieren konnten (siehe Abb. 2.4). Die ausgekoppelte Pulsdauer lag bei ca. 10 ps und konnte extern mit einem Gitterkompressor auf eine Pulsdauer von 627 fs komprimiert werden. Die bandbreitenbegrenzte Pulsdauer lag entsprechend der spektralen Breite von 4,2 nm bei 548 fs. Es konnte eine maximale Pulsenergie von 0,8 nJ bei einer Repetitionsrate von 34,8 MHz erreicht werden. Dieses System bot zwar erstmals alle Vorteile eines rein faserbasierten Lasersystems, konnte aber aufgrund der hohen komprimierten Pulsdauer und der entsprechend geringen spektralen Breite nicht für die späteren Experimente genutzt werden.
Ein weiterer Aufbau basierte auf dem Konzept von Kieu et al. [52] und der Weiterentwicklung von Schultz et al. [53], wodurch erstmals ein vollständig faserbasierter Laser bei 1 µm Wellenlänge mit Pulsdauern unterhalb von 200 fs realisiert werden konnte. Dabei wurde ein spezieller WDM-Koppler (engl.: wavelength division multiplexer) als faserbasiertes spektrales Filter eingesetzt, um die Pulsreproduktion nach einem Umlauf zu ermöglichen.
Ein entsprechendes System wurde im Rahmen dieser Arbeit aufgebaut. Durch die Verwendung von einem faserbasierten Filter wurde so ein kompakter und justagefreier rein faserbasierter Laser realisiert, bei dem gleichzeitig eine Entkopplung von technischen und akustischen Rauschquellen möglich geworden war. Zusätzlich zeigte der Laser eine exzellente Stabilität, bei gleichzeitig ho-

her Pulsenergie und kleinen Pulsdauern. Daher bildet ein entsprechender Laser die Grundlage aller Untersuchungen dieser Arbeit. Im nächsten Abschnitt wird dieses Lasersystem im Detail beschrieben.

3.1 Experimenteller Aufbau des Lasers

Für den rein faserbasierten Ringresonator wurden nur transversal einmodige Fasern verwendet, wodurch die Strahlqualität immer einem $M^2 < 1{,}1$ entsprach. Alle verwendeten passiven Fasern wiesen einen Modenfelddurchmesser von 6,2 µm und eine cut-off Wellenlänge von 920 nm [54] auf. Als aktive Faser wurde eine Ytterbiumfaser mit einer Dotierung von 1,2 wt% verwendet. Die nominelle Absorption betrug bei einer Wellenlänge von 976 nm ca. 1200 dB/m [55]. Durch diese hohe Absorption konnten sehr kurze Fasern im Bereich einiger 10 cm bei ausreichender Pumplichtabsorption genutzt werden. Die Gruppengeschwindigkeitsdispersion der verwendeten Fasern lag bei $0{,}025\,\mathrm{ps}^2/\mathrm{m}$ [54]. Der experimentelle Aufbau ist in Abbildung 3.1 skizziert.

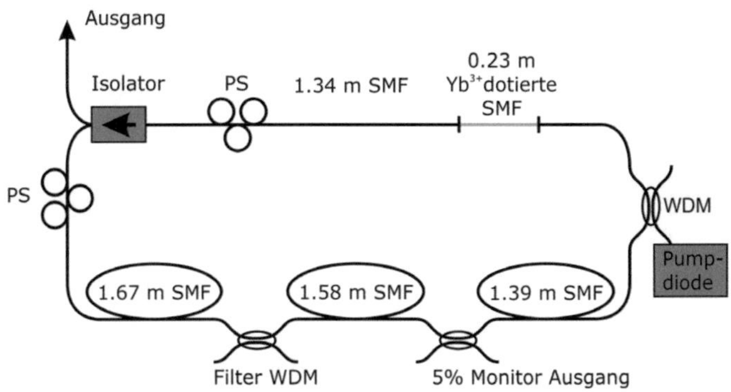

Abbildung 3.1: Skizze des faserbasierten Lasers. WDM (engl.: wavelength division multiplexer); SMF: Single-Mode-Faser; PS: Polarisationssteller.

Im Detail bestand der Laser aus einer 1,67 m langen passiven Faser, gefolgt von einem spektralen Filter. Dieses Bauteil war ein speziell angefertigter WDM mit Transmissionsmaxima bei 1020 und 1040 nm und einer Halbwertsbreite von ca.

9 nm [56]. Die Transmissionskurve ist in Abbildung 3.2 dargestellt. Nach dem Filter folgte eine 1,58 m lange passive Faser und ein faserbasierter Koppler mit einer Auskopplung von 5 %. Dieser wurde als Monitorausgang genutzt, um die interne Leistung des Lasers zu messen. In einem weiteren 1,39 m langen Faserstück war ein WDM integriert, um das Pumplicht in den Ringresonator einzukoppeln. Hiernach folgte die 23 cm lange aktive Faser. Um den Ring zu schließen, wurden weitere 1,34 m passive Faser gefolgt von einem faserbasierten optischen Isolator genutzt. Dieser wies eine polarisationsunabhängige Dämpfung von 4 dB auf und legte die Umlaufrichtung des Lasers fest. Die beiden orthogonalen Polarisationsrichtungen s und p wurden über zwei verschiedene polarisationserhaltende Fasern getrennt, wodurch ein faserbasierter Polarisationsstrahlteiler realisiert wurde.

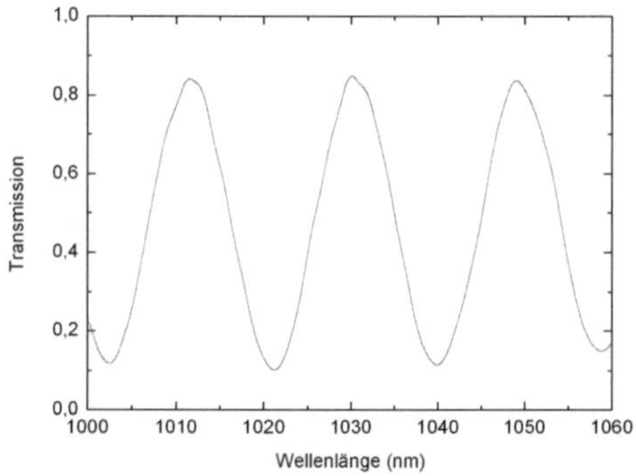

Abbildung 3.2: Transmissionscharakteristik des faserbasierten Filters in Abhängigkeit von der Wellenlänge.

Als Pumpdiode wurde eine fasergekoppelte Single-Mode Diode mit einer maximalen Leistung von 644 mW bei einer Wellenlänge von 976 nm genutzt. Die Pumpwellenlänge war über ein Faser-Bragggitter und eine Temperaturregelung stabilisiert. Die Modenkopplung wurde über NPE verwirklicht (siehe Kapitel 2.1). Zur Manipulation des Polarisationszustandes wurden vor dem Monitorausgang und dem Isolator Polarisationssteller eingebaut, mit denen die Faser verdrillt und gequetscht werden konnte. Dies induzierte eine Änderung der Doppelbrechung der Faser und so eine Veränderung der Polarisationsrichtung des Laserfeldes. Durch Ändern des Polarisationszustandes war es möglich, verschiedene modengekoppelte Zustände zu realisieren, die sich in ihrer Pulsenergie, der spektralen Breite und der Pulsdauer unterschieden. Faserlaser weisen im Allgemeinen sehr hohe Auskoppelgrade auf. (Dies ist durch die hohe Verstärkung in den dotierten Fasern möglich.) Daher lagen die gemessenen Gesamtverluste des Resonators typischerweise im Bereich von 80-90 % (inklusive der Auskoppelverluste). Im Folgenden soll eine typische Ausgangscharakteristik des realisierten Lasers dargestellt werden.

3.2 Charakterisierung des Lasers

In Abbildung 3.3 ist die Ausgangsleistung des Lasers in Abhängigkeit von der Pumpleistung dargestellt. Bis zu einer Pumpleistung von 424 mW stieg die Ausgangsleistung im kontinuierlichen Betrieb auf 56 mW an. Bei einer weiteren Erhöhung der Pumpleistung ging der Laser in den modengekoppelten Betrieb über, und die mittlere Ausgangsleistung sank auf 23,5 mW. Die maximale Ausgangsleistung betrug 26,3 mW bei einer Pumpleistung von 510 mW.

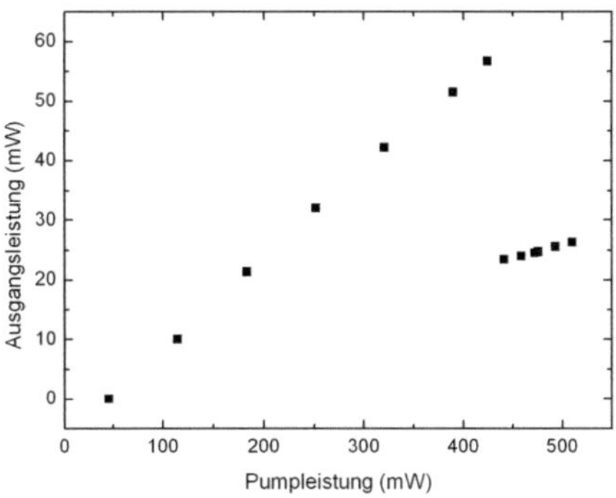

Abbildung 3.3: Kennlinie der Ausgangsleistung des Lasers in Abhängigkeit von der Pumpleistung.

Die Umlaufzeit für einen Puls lag bei 30,5 ns (siehe Abb. 3.4 (a)) entsprechend einer Repetitionsrate von 32,8 MHz. Aus der mittleren Leistung und der Repetitionsrate ergab sich eine maximale Pulsenergie von 0,8 nJ. In Abbildung 3.4 (b) ist das mit einer Fotodiode und einem Radiofrequenzanalysator gemessene Radiofrequenzspektrum von 0 bis 1 GHz dargestellt. Da keine Schwebungsfrequenzen zu erkennen waren, lag eindeutig eine kontinuierliche Modenkopplung und kein gütegeschalteter Betrieb vor.

In Abbildung 3.5 ist ein typisches Ausgangsspektrum am Arbeitspunkt (510 mW

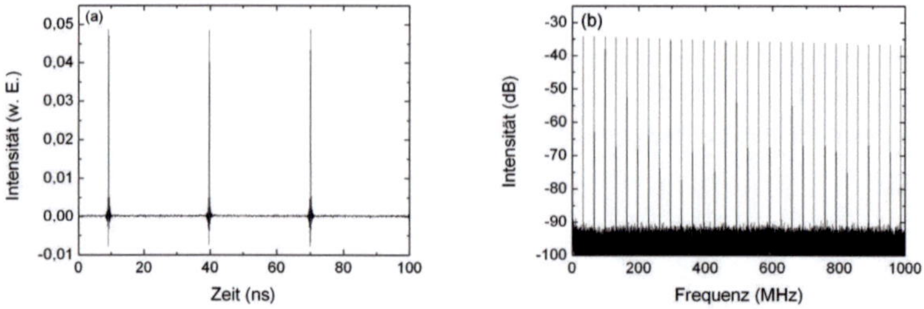

Abbildung 3.4: (a) Gemessenes Zeitsignal des Lasers; (b) Radiofrequenzspektrum von 0 bis 1 GHz.

Pumpleistung) des Lasers (schwarze Kurve) dargestellt. Die spektrale Halbwertsbreite betrug 15 nm. Die steilen Flanken waren charakteristisch für einen Laser mit spektralem Filter und entstanden durch Selbstphasenmodulation in der aktiven Faser [35]. Diese Flanken wurden an dem spektralen Filter abgeschnitten, wie das an dem Monitorausgang gemessene Spektrum zeigt (siehe Abb. 3.5).

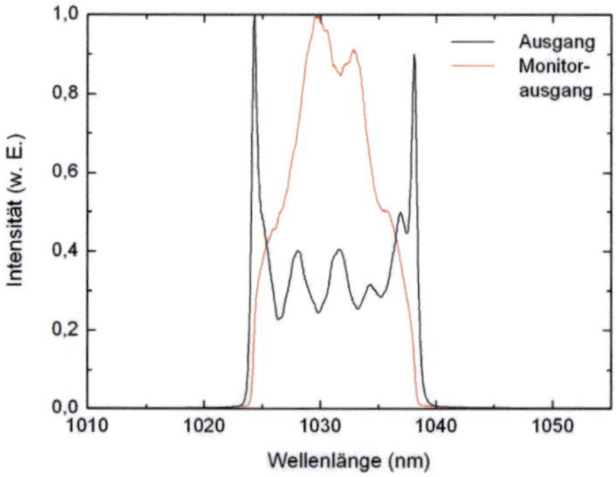

Abbildung 3.5: Typisches Ausgangsspektrum des Lasers (schwarz) und Spektrum an dem Monitorausgang (rot) bei einer Pumpleistung von 510 mW.

Wie in Kapitel 2.2.2 beschrieben, waren die Pulse innerhalb von normaldispersiven Resonatoren zeitlich stark positiv gechirpt. Der hohe Chirpfaktor zeigte sich in einer gemessenen Breite der Autokorrelationsfunktion von 13,5 ps (siehe Abb. 3.6 (a)). Mit Hilfe eines externen Gitterkompressors konnte die Dispersion zweiter Ordnung, die die Pulse innerhalb des Resonators erfahren hatten, kompensiert werden. Die so komprimierten Pulse wiesen eine Autokorrelationsbreite von 281 fs auf (siehe Abb. 3.6 (b)). Durch eine Fouriertransformation (FFT) des optischen Spektrums wurde eine bandbreitenbegrenzte Pulsdauer von 148 fs berechnet. Mit der Berechnung einer Autokorrelationsfunktion aus der fouriertransformierten des Spektrums, wurde der Umrechnungsfaktor von der Autokorrelationsfunktion auf die Pulsdauer zu 1,52 bestimmt. Hieraus folgte eine komprimierte Pulsdauer von 185 fs. Da keine Informationen über die zeitliche Pulsform der unkomprimierten Pulse vorlag, konnte hier kein Umrechnungsfaktor auf eine Pulsdauer bestimmt werden.

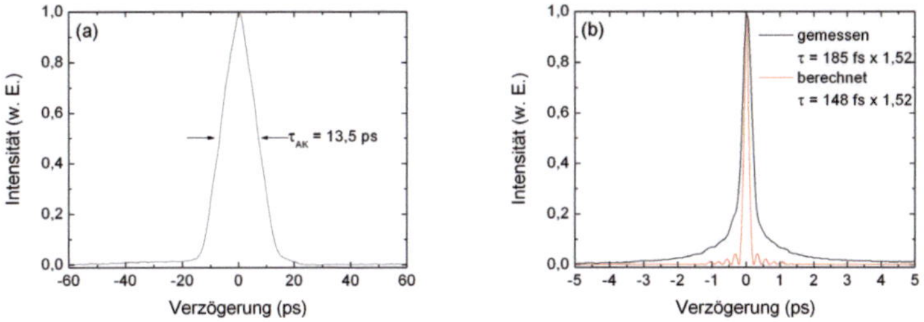

Abbildung 3.6: Gemessene Autokorrelationsfunktion (a) der gechirpten Pulse; (b) der komprimierten Pulse (schwarze Kurve) und berechnete Autokorrelationsfunktion über eine FFT des optischen Spektrums und der Annahme von einer Phase Null (rote Kurve).

Der Untergrund in der gemessenen Autokorrelationsfunktion war auf den Einfluss der TOD innerhalb des Resonators zurückzuführen, der durch einen Gitterkompressor nicht kompensiert werden konnte. Eine bessere Kompensation des Chirps wäre durch einen Grism-Kompressor (eine Kombination aus Transmissionsgittern und Prismen) möglich, mit dem sowohl GVD als auch TOD der verwendeten Faser ausgeglichen werden können [57]. Ein entsprechender Kompressor stand während dieser Arbeit nicht zur Verfügung.

Durch die Realisierung dieses komplett faserbasierten Systems war es gelungen, einen sehr stabilen Laserresonator zu bauen, bei dem thermische und akustische Einflüsse nahezu vollständig eliminiert werden konnten. Hierdurch war ein wochenlanger Betrieb ohne Änderung der spektralen und zeitlichen Pulseigenschaften möglich.

Diese exzellente Stabilität zeigte sich auch in der zeitlich konstanten Ausgangsleistung des Lasers. In Abbildung 3.7 (a) ist exemplarisch eine entsprechende Messung der Laserleistung an dem Monitorausgang über eine halbe Stunde dargestellt. Hierbei zeigte sich, dass die Leistung im Rahmen der Auflösung des Messgerätes konstant war. Auch für größere Zeiträume war keine signifikante Abweichung der mittleren Leistung zu beobachten. Eine geringe Veränderung der Repetitionsrate des freilaufenden Lasers in Abhängigkeit von der Zeit konnte allerdings beobachtet werden. Dies ist in Abbildung 3.7 (b) dargestellt. Innerhalb von 10 Minuten konnte während der Messung eine Zunahme der Repetitionsrate um ca. 10 Hz gemessen werden. Dieser Effekt konnte auf eine Änderung der Raumtemperatur zurückgeführt werden, die sowohl zu einer Ausdehnung der Quarzglasfaser (der Ausdehnungskoeffizient für Quarzglas beträgt ca. $0{,}5{\cdot}10^{-6}\ \mathrm{K}^{-1}$ [58]) als auch zu einer Änderung des linearen Brechungsindex führte ($dn/dT \approx 10{\cdot}10^{-6}\mathrm{K}^{-1}$ [59]). Daher entsprach eine Änderung von 10 Hz einer Temperaturänderung von ca. 0,03 Grad Celsius. Da der Laser nicht temperaturstabilisiert war, war dieser Wert durchaus realistisch. Die Steigung der Kurve war abhängig von der Änderung der Raumtemperatur.

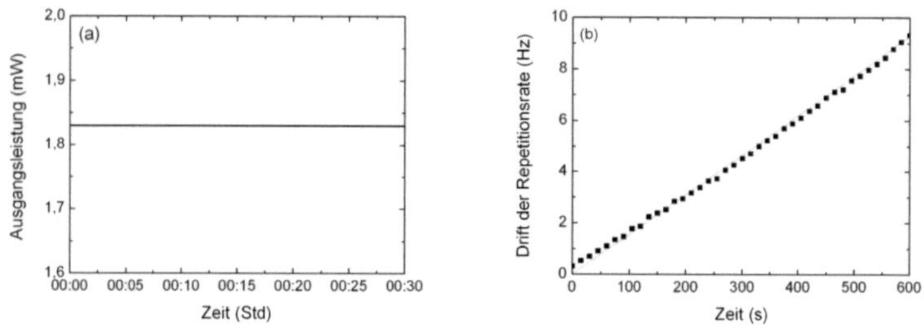

Abbildung 3.7: (a) Messung der Ausgangsleistung über 30 Minuten an dem Monitorport; (b) Gemessene Drift der Repetitionsrate des unstabilisierten Lasers über 10 Minuten.

3.3 Limitierungen des Lasers

Neben der in Kapitel 2.2.2 beschriebenen Limitierung der Pulsenergie durch OWB gibt es noch weitere Limitierungen, die die maximale Pulsenergie eines Faserlaser begrenzen. Da für diesen beschriebenen Lasertyp die nichtlinearen Einflüsse durch die hohen Pulsdauern im Resonator reduziert waren, resultierte die hauptsächliche Limitierung aus der Entstehung von Mehrfachpulsen im Resonator durch das „Übersteuern der Modenkopplung“.

Das genutzte passive Modenkopplungsverfahren hat den Nachteil, dass es ein oszillierendes Transmissionsprofil aufweist, wodurch sich für hohe Pulsenergien Mehrfachpulse ausbilden können [60]. In Abbildung 3.8 ist ein typisches Transmissionsprofil eines virtuellen sättigbaren Absorbers, der durch NPE realisiert wurde, in Abhängigkeit von der einfallenden Pulsenergie dargestellt.

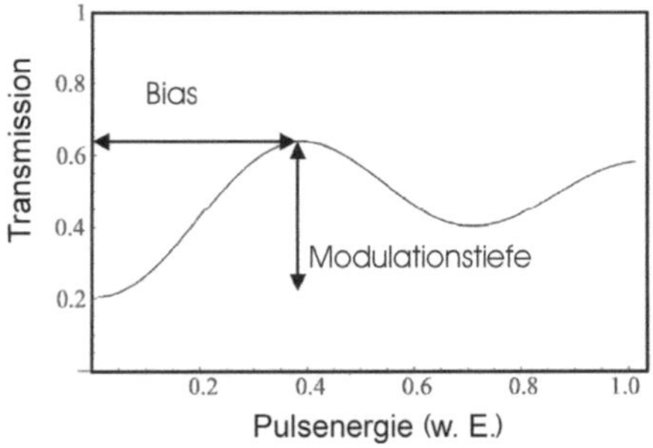

Abbildung 3.8: Schematische Darstellung eines durch NPE erzeugten Transmissionsprofils in Abhängigkeit von der einfallenden Pulsenergie [60].

Als Modulationstiefe eines virtuellen sättigbaren Absorbers wird das Verhältnis von Transmission zu der Grundtransmission bei einer Pulsenergie von Null bezeichnet. Der Abstand des ersten Maximums der Transmissionskurve zu einer Pulsenergie von Null entspricht dem sogenannten Bias (siehe Abb. 3.8). Bereits für leicht verschiedene Polarisationszustände ändert sich sowohl das Bias als auch die Modulationstiefe des virtuellen sättigbaren Absorbers.
Für sehr hohe Pulsenergien ist es möglich, den Absorber jenseits des Maximums der Transmission zu betreiben, was einem Übersteuern der Modenkopplung entspricht. Bei entsprechend hohen Energien ist die Transmission geringer, wodurch ein Puls trotz höherer Pulsenergie eine niedrigere Transmission erfahren würde. Da dieser Zustand nicht dem energetisch günstigsten des Systems entspricht, kommt es zu einer Ausbildung von zwei Pulsen mit einer insgesamt höheren Transmission (auf der ersten ansteigenden Flanke) [60]. Bei Mehrfachpulsen, die auf diese Weise entstanden sind, ist es möglich, durch Verändern des Polarisationszustandes in einen Einfachpulsbetrieb zu wechseln. Hierbei wird das Bias so weit zu höheren Pulsenergien verschoben, dass die ansteigende Flanke der Transmissionskurve bei der entsprechenden einfallenden Pulsenergie liegt.

Ein weiterer wesentlicher Punkt im Bereich der Limitierungen betrifft die Langzeitstabilität von Ytterbium-Faserlasern. In hoch dotierten aktiven Fasern kann der Effekt des Photodarkenings auftreten [61]. Dieses Phänomen führt im Laufe von Monaten zu einer Degradation der Ytterbiumfaser in Form einer veränderten Absorption, wodurch die Ausgangsleistung des Lasers sinkt. Experimentell zeigte sich an einem Laser, dass durch die steigenden Verluste innerhalb des Resonators eine Modenkopplung immer schwerer zu erreichen war, und der Laser immer instabiler lief. Zur Untersuchung der Absorptionseigenschaften wurde die Faser ausgebaut und mit einer breitbandigen Lichtquelle vermessen. Der Vergleich mit einer neuen Faser zeigte die deutlich erhöhte Absorption oberhalb einer Wellenlänge von 1020 nm (siehe Abb. 3.9). Der Effekt des Photodarkenings basiert auf der Clusterbildung der aktiven Ionen und ist invers proportional zur 4. Potenz der Inversion. (Für weitere Details siehe Ref. [61, 62].) Es sei erwähnt, dass es durch die Verwendung von Phosphatglasen mittlerweile möglich sein soll Fasern herzustellen die kein Photodarkening aufweisen [63]. Dies ist allerdings noch Gegenstand aktueller Forschung.

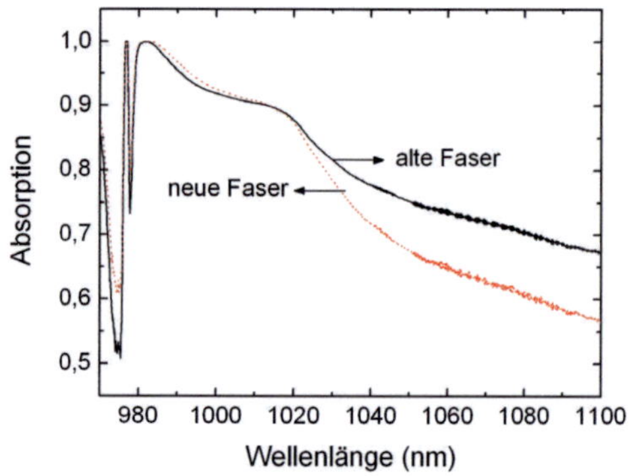

Abbildung 3.9: Absorptionsmessung für eine neue und eine bereits mehrere Monate verwendete Ytterbiumfaser. Für die bereits genutzte Faser ist eine erhöhte Absorption durch Photodarkening zu beobachten.

3.4 Simulationen der Laserdynamik

Um einen Einblick in die Pulsentwicklung innerhalb des Resonators zu erhalten, wurden numerische Simulationen durchgeführt, die in diesem Abschnitt kurz diskutiert werden. Diese basieren auf der nichtlinearen Schrödinger-Gleichung (NLSG) und erlauben die Beschreibung von linearen und nichtlinearen Effekten während der Pulspropagation. Die NLSG besitzt folgende Form:

$$\frac{\partial A}{\partial z}+\frac{g}{2}A+i\frac{\beta_2}{2}\frac{\partial^2 A}{\partial T^2}-\frac{\beta_3}{6}\frac{\partial^3 A}{\partial T^3}=i\gamma\left(|A|^2 A+\frac{i}{\nu_0}\frac{\partial\partial}{\partial T}\left(|A|^2 A\right)-T_R A\frac{\partial |A|^2}{\partial T}\right). \tag{3.1}$$

Hierbei beschreibt A die Einhüllende des Pulses unter der Annahme, dass diese sich nur langsam verändert. Voraussetzung dafür ist, dass die spektrale Breite $\Delta\nu_P$ sehr viel kleiner als die Trägerfrequenz ν_0 ist. (Dies gilt für Pulsdauern über 100 fs [14].) In Gleichung (3.1) beschreibt $|A|^2$ die Leistung, g die Verstärkung, β_2 und β_3 die GVD bzw. TOD. Der erste Term auf der rechten Seite beschreibt den Einfluss der SPM. Mit dem zweiten Term wird das Selbstaufsteilen des Pulses beschrieben [14] und mit dem letzten Term der Einfluss des Raman-Effektes [14]. Der Wert γ entspricht dem Nichtlinearitätskoeffizienten (siehe Gleichung 2.3). Der Einfluss der Raman-Antwort des Systems wird über die Größe T_R beschrieben. Für nähere Details sei auf Ref. [14] verwiesen.

Für die Berechnungen wurde das kommerzielle Programm Fiberdesk genutzt [64], in dem der Resonator mit einer Multi Element Propagation simuliert wird. Hierbei entspricht jedes Element einer Resonatorkomponente. Die einzelnen Elemente des Lasers sind in Abbildung 3.10 skizziert.

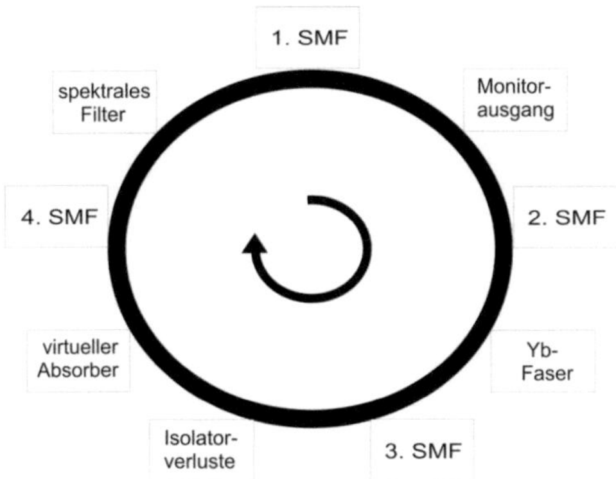

Abbildung 3.10: Skizze der einzelnen Resonatorabschnitte für die Simulation.

Die Propagation in den Faserstrecken wird in dem Programm durch die Split-Step-Fourier-Methode gelöst, wobei der Einfluss der Dispersion und der Nichtlinearität voneinander entkoppelt und jeweils im entsprechenden Fourierraum berechnet wird [14, 64].

Alle anderen Elemente des Resonators wie beispielsweise das spektrale Filter werden durch Transferfunktionen dargestellt. Zur Darstellung des Filters wurde die gemessene Transmissionskurve verwendet.

Für die Berechnung der Verstärkung wird der Verstärkungsfaktor

$$g = \frac{g_0}{1 + E/E_{sat}} \tag{3.2}$$

genutzt, wobei g_0 die Kleinsignalverstärkung, E_{sat} die Sättigungsenergie und E die instantane Pulsenergie darstellt [65]. Für nähere Informationen siehe Ref. [35, 64].

Der Einfluss der Raman-Antwort des Systems wird über die Größe T_R beschrieben und ist das erste Moment einer nichtlinearen Funktion $h_R(t)$. Es gilt folgender Zusammenhang:

$$T_R = f_R \int dtth_R(t), \tag{3.3}$$

wobei $f_R = 0,18$ gilt [66]. Der Wert beschreibt den Anteil an der verzögerten Raman Antwort gegenüber der nichtlinearen Polarisation. Die Funktion $h_R(t)$ beinhaltet die (instantanen) elektronischen und die (verzögerten) Vibrationsanteile und es gilt:

$$h_R(t) = \frac{\tau_1^2 + \tau_2^2}{\tau_1 \tau_2^2} exp\left(\frac{-t}{\tau_2}\right) sin\left(\frac{t}{\tau_1}\right). \tag{3.4}$$

Hierbei ist $1/\tau_1$ die Phononenfrequenz und $1/\tau_2$ beschreibt die Bandbreite der Lorentzform mit der die Vibrationsanteile beschrieben werden. Für die Zeitskalen gilt: $\tau_1 = 12,2\,\text{fs}$ und $\tau_2 = 32\,\text{fs}$ [66].

Da die Modenkopplung nahezu instantan reagiert, ist sie in dem Programm über eine monotone, nichtlineare Transferfunktion mit einer Reflektivität

$$R_{Ref} = R_{unsat} + R_{sat} \cdot \left(1 - \frac{1}{1 + P/P_{sat}}\right) \tag{3.5}$$

implementiert [65]. Hierbei bezeichnet R_{unsat} die nicht sättigbare Reflektivität, R_{sat} die sättigbare Reflektivität, P_{sat} die Sättigungsleistung und P die instantane Pulsspitzenleistung. Diese Transferfunktion beschreibt den sogenannten virtuellen sättigbaren Absorber. Für weitere Informationen sei auf Ref. [64] verwiesen. Die Umsetzung der Modenkopplung ist für niedrige Pulsspitzenleistungen in erster Näherung gut geeignet. Für höhere Pulsspitzenleistungen zeigt die Transmissionskurve der NPE allerdings ein oszillierendes Verhalten (siehe Abb. 3.8). Daher ist es anhand der Simulationen nicht möglich das „Übersteuern der NPE" zu beschreiben (siehe Kapitel 3.3). Auf eine ausführliche Beschreibung des theoretischen Hintergrunds der Simulationen sei an dieser Stelle verzichtet, da diese lediglich die Pulsdynamik in dem Resonator veranschaulichen sollen und als Grundlage für spätere Diskussionen dienen. Für die folgenden Resultate wurden die in den Tabellen 3.1 und 3.2 aufgeführten Parameter genutzt.

Parameter	SMF	aktive Faser
n_2(m^2/W)	3,2·10^{-20} [14]	3,2·10^{-20} [14]
β_2(ps^2/m)	0,025 [54]	0,025 [49]
β_3 (ps^3/m)	1,678·10^{-5} [54]	1,678·10^{-5} [49]
MFD (µm)	6,03	4
t_1 (fs)	12,2 [14]	12,2 [14]
t_2 (fs)	32 [14]	32 [14]
f_R	0,18 [14]	0,18 [14]
γ (1/Wm)	0,007 (Gl. (2.3))	0,016 (Gl. (2.3))
L (m)(aktiv)	-	0,23
L (m)(SMF1)	1,58	-
L (m)(SMF2)	1,39	-
L (m)(SMF3)	1,34	-
L (m)(SMF4)	1,67	-
g(ω)	-	Gaußförmig
$\Delta\lambda$ (nm)	-	40

Tabelle 3.1: In der Simulation verwendete Faserparameter.

Simulation der spektralen Entwicklung

In Abbildung 3.11 ist die Entwicklung der resonatorinternen spektralen Breite der Pulse dargestellt, die in allen Fasersegmenten nahezu linear anstieg. In der ersten SMF (nach dem spektralen Filter) stieg die spektrale Breite von 7,4 nm

Verstärkung	Verluste	Transferfunktion	Filter
$g_0 = 25/\text{m}$ $E_{sat} = 3\ \mu\text{J}$	1: 5 % 2: 50 %	$R_{unsat} = 20\ \%$ $R_{sat} = 80\ \%$ $P_{sat} = 400\ \text{W}$	$\Delta\lambda_{FWHM}$=9 nm

Tabelle 3.2: In der Simulation verwendete Verstärkungsfaktoren, Verluste, Parameter der Transferfunktion der Modenkopplung und der Filtertransmission.

auf 9 nm an. (Für eine bessere Darstellung wurden die Verluste auf einer 10 cm langen Propagationsdistanz ohne Dispersion und Nichtlinearität dargestellt.) Diese Verbreiterung setzte sich in der zweiten SMF fort. Hier stieg die spektrale Breite um 1,4 nm auf 10,4 nm. Durch die Verstärkung in der aktiven Faser war der Einfluss der SPM dominant, und die Breite nahm auf dieser kurzen Strecke deutlich auf 11,6 nm zu. In der dritten SMF wurde der Einfluss der SPM durch die länger werdenden Pulse während der Propagation geringer, wodurch die Breite lediglich um 1 nm anstieg. Aufgrund der zeitlichen Filterwirkung des virtuellen sättigbaren Absorbers, der auch eine spektrale Filterung zur Folge hatte (siehe Abb. 2.4), konnte hier eine Abnahme der spektralen Breite um 0,3 nm beobachtet werden, die in der letzten SMF aufgrund der SPM kompensiert wurde. Am Ende des Resonatorumlaufs wurde die Halbwertsbreite des Spektrums durch das Filter wieder auf die ursprüngliche Breite von 7,4 nm reduziert.
Die Entwicklung der simulierten Spektren nach der ersten SMF, der Ytterbiumfaser, der 3. SMF und nach dem spektralen Filter ist in Abbildung 3.12 dargestellt.
Ausgehend von dem Spektrum nach dem Filter (blaue Kurve) stieg die spektrale Breite nach der ersten SMF (schwarze Kurve) und bei der Propagation in der aktiven Faser (rote Kurve) leicht an. Die spektrale Form änderte sich dabei ebenfalls nur leicht. Durch den hohen Einfluss der SPM in der folgenden 3. SMF entstanden die spektralen Flanken des Pulses, die charakteristisch für Laser sind, die auf spektraler Filterung basieren (grüne Kurve). Diese Flanken wurden an dem faserbasierten Filter wieder abgeschnitten. Anhand der Simulationen der spektralen Eigenschaften wird deutlich, dass sich sowohl die spektrale Breite als auch die spektrale Form in einem Umlauf stark veränderten (siehe Kapitel 2.2.3).

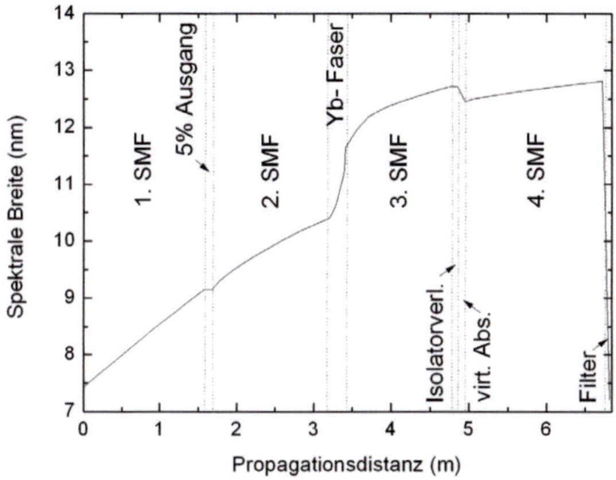

Abbildung 3.11: Simulation der spektralen Entwicklung innerhalb des Resonators.

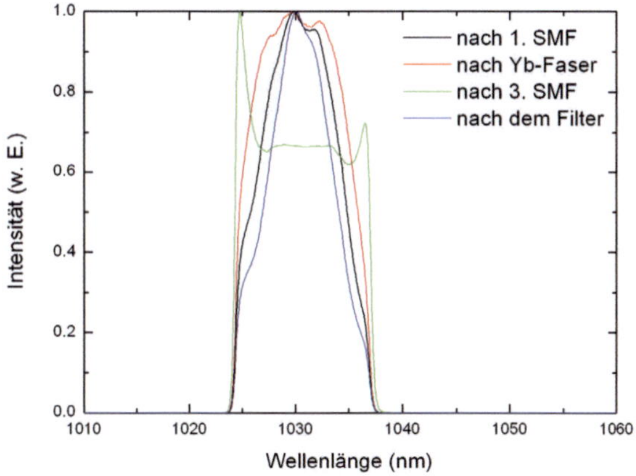

Abbildung 3.12: Simulierte Spektren nach der ersten SMF (schwarz), der Ytterbiumfaser (rot), der 3. SMF (grün) und nach dem spektralen Filter (blau).

Simulation der Pulsdauer- und Pulsenergieentwicklung

Die Entwicklung der Pulsdauer innerhalb des Resonators ist in Abbildung 3.13 dargestellt. Durch den Einfluss der GVD nahm diese Größe in allen passiven Fasern zu, da der Puls immer positiv gechirpt war. Die spektrale Filterung durch die Verstärkungsbandbreite am Anfang der aktiven Faser führte zu einer zeitlichen Filterung (siehe Abb. 2.4), wodurch der Wert der Pulsdauer in diesem Segment nahezu konstant blieb. Aufgrund des Filtereffektes des virtuellen sättigbaren Absorbers war hier eine deutliche Pulsverkürzung zu beobachten. Die zeitliche Struktur des Ausgangspulses wurde durch die spektrale Filterung an dem Filter-WDM wieder hergestellt.

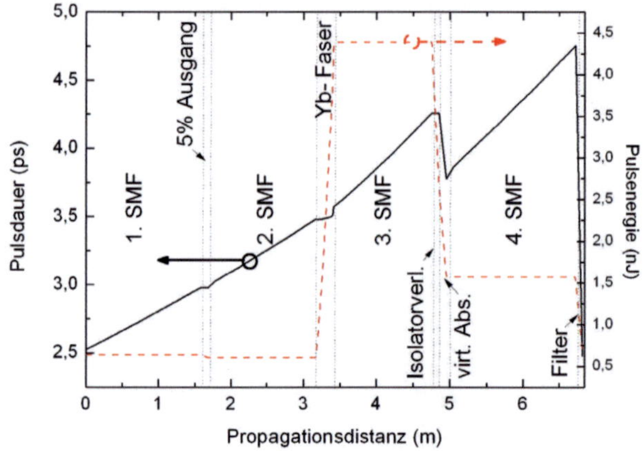

Abbildung 3.13: Simulation der Pulsdauerentwicklung (schwarze Kurve) und der Pulsenergie (rot gestrichelte Kurve) innerhalb des Resonators.

In Abbildung 3.13 ist zusätzlich die Entwicklung der Pulsenergie innerhalb des Lasers dargestellt. Diese blieb während der Propagation in den Single-Mode-Fasern erhalten und erhöhte sich während der Verstärkung um einen Faktor 7,3. Aufgrund der hohen Verluste des faserbasierten Isolators, fiel die Pulsenergie dort um 50 %. Durch die entstehenden Verluste bei der Modenkopplung sank die Pulsenergie auf ca. 1,5 nJ. An dem spektralen Filter sank die Pulsenergie anschließend durch die hohen Verluste auf ca. 0,6 nJ. Aus diesen Simulationen ließen sich die Gesamtverluste des Resonators auf ca. 85 % abschätzen.

Auch wenn die simulierten spektralen Breiten und Pulsdauern unter den gemessenen Werten lagen, lässt sich an den Abbildungen 3.11 und 3.13 die ausgeprägte spektrale und zeitliche Dynamik dieser Pulsform in dem Resonator verdeutlichen (siehe Kapitel 2.2.3). Die großen Unterschiede zwischen den simulierten und gemessenen Werten ließen sich auf die Verwendung der monotonen, nichtlinearen Transferfunktion zurückführen, da die Polarisationsabhängigkeit der NPE nicht simuliert werden konnte. Hierdurch konnte die reale Pulsverkürzung des Modenkopplungsmechanismus nicht berechnet werden. Trotz dieser Einschränkung erlaubten diese Simulationen aber einen guten Einblick in die Pulsdynamik von „wave-breaking"-freien Pulsen.

3.5 Aufbau und Charakterisierung des optischen Verstärkers

Für die im Rahmen dieser Arbeit geplanten Experimente war die Ausgangsenergie des modengekoppelten Faseroszillators mit $\approx 1\,\mathrm{nJ}$ zu gering. Deshalb wurde ein Faserverstärker aufgebaut, der durch eine stabile Freistrahlkopplung direkt mit der Auskoppelfaser des Lasers verbunden war. Diese ermöglichte es, den Laser noch für verschiedene Experimente zu nutzen, ohne die Fasern jeweils neu spleißen zu müssen. Der gesamte Aufbau ist in Abbildung 3.14 gezeigt.

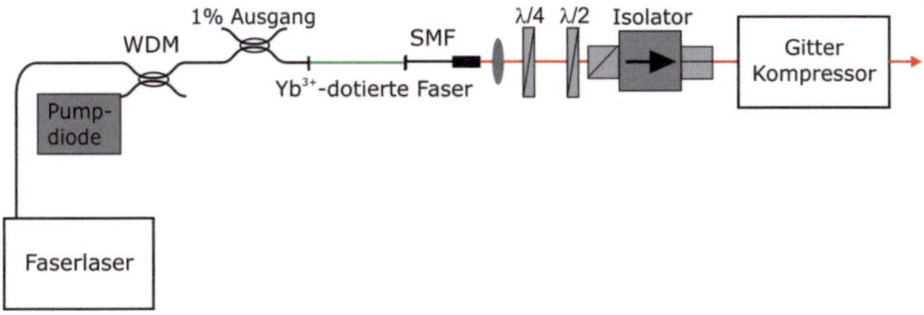

Abbildung 3.14: Schematischer Aufbau des optischen Verstärkers.

Vor der eigentlichen Verstärkerfaser wurde ein 1 % Koppler als Monitorport eingebaut, um die Leistung und das Spektrum des Lasers kontrollieren zu können. Der Verstärker selbst bestand aus einer 40 cm langen Ytterbiumfaser, analog zu der in dem Laser verwendeten, und wurde ebenfalls mit einer fasergekoppelten Single-Mode Diode mit einer optischen Leistung von maximal 647 mW bei einer Wellenlänge von 976 nm über einen WDM gepumpt. Nach der Verstärkerfaser folgte ein kurzes Stück passiver SMF mit einem antireflexbeschichteten Faserende, um Fresnelreflexionen zu vermeiden. Die verstärkten Pulse propagierten

anschließend durch einen optischen Isolator, der den Verstärker und den Laser vor eventuellen Rückreflexen von optischen Bauteilen schützen sollte. Die stark gechirpten Pulse wurden mit einem Transmissionsgitterkompressor mit einer Effizienz von 82 % komprimiert.
In Abbildung 3.15 ist die entsprechende Kennlinie der mittleren Ausgangsleistung des Verstärkers in Anhängigkeit von der Pumpleistung bei einer mittleren Seedleistung von 4 mW dargestellt. Die maximal erreichte mittlere Leistung lag bei 283 mW und entsprach einer Pulsenergie von 8,6 nJ vor dem Kompressor. Nach diesem standen für die weiteren Experimente noch 7 nJ zur Verfügung.

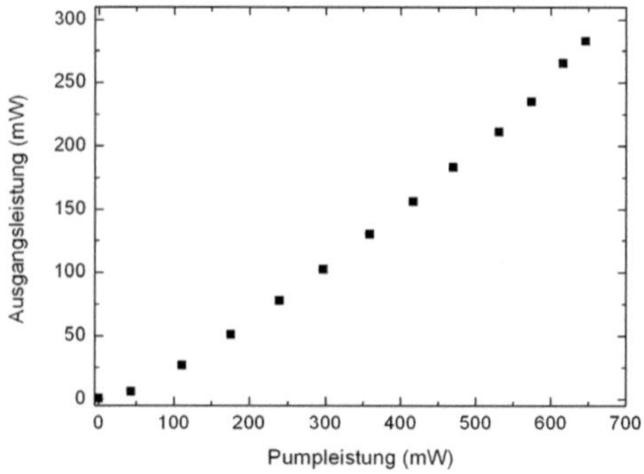

Abbildung 3.15: Kennlinie des optischen Verstärkers bei einer mittleren Seedleistung von 4 mW.

Um die nichtlinearen Effekte während der Verstärkung möglichst gering zu halten, wurden die stark gechirpten Pulse des Oszillators direkt in den Verstärker eingekoppelt.
In Abbildung 3.16 (a) ist die Entwicklung der optischen Spektren in Abhängigkeit von der Pumpleistung zu sehen. Aufgrund des geringen Einflusses der SPM blieb die spektrale Breite während der Verstärkung konstant bei einer Halbwertsbreite von 15 nm, während lediglich in der Mitte des Spektrums leichte Modifikationen auftraten. Während der Verstärkung blieben auch die typischen steilen Flanken im Spektrum erhalten. In Abbildung 3.16 (b) ist das optische Spektrum des Lasers im Vergleich zu dem Spektrum bei maximaler Ausgangsleistung des Verstärkers dargestellt. Auch hier waren entsprechend keine Änderungen in der Halbwertsbreite zu erkennen.
Aufgrund der GVD der Fasern des Verstärkers erhöhte sich die Breite der Autokorrelationsfunktion der unkomprimierten Pulse von 13,5 ps auf 17,1 ps (siehe

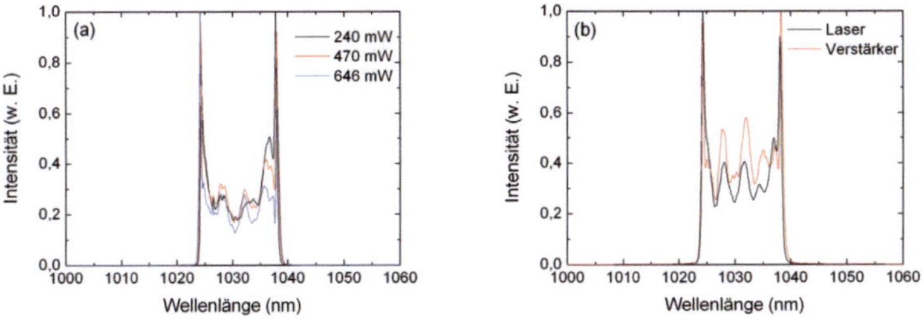

Abbildung 3.16: (a) Entwicklung der optischen Spektren in Abhängigkeit von der Pumpleistung bei einer mittleren Seedleistung von 4 mW; (b) Vergleich der Spektren des Lasers und des Verstärkers bei maximaler Ausgangsleistung.

Abbildung 3.17: Vergleich der Autokorrelationsfunktionen (a) der gechirpten Pulse des Lasers und des Verstärkers; (b) der komprimierten Pulse nach dem Verstärker (schwarze Kurve) und der berechneten Autokorrelationsfunktion über eine FFT des optischen Spektrums und der Annahme von einer Phase Null (rote Kurve).

Abb. 3.17 (a)). Die gemessene Autokorrelationsdauer der komprimierten Pulse betrug 298 fs. Durch Fouriertransformation des gemessenen Spektrums ergab sich eine bandbreitenbegrenzte Pulsdauer von 149 fs (siehe Abb. 3.17 (b)). Mit dem entsprechenden Umrechnungsfaktor (siehe Kapitel 3.2) konnte die Pulsdauer der komprimierten Pulse mit 195 fs angegeben werden. Im Vergleich zu den komprimierten Pulsen des Lasers resultierte die höhere Pulsdauer nach dem Verstärker aus dem zusätzlichen Einfluss der TOD der verwendeten Fasern, da diese in dem verwendeten Gitterkompressor nicht kompensiert werden konnte.

Das vorgestellte Lasersystem bildet die Grundlage aller Messungen die in dieser Arbeit vorgestellt werden. Basierend auf diesem System wird in dem folgenden Kapitel die Erzeugung von oktavbreiten Spektren für die Realisierung eines f-2f-Interferometers beschrieben.

4 Erzeugung von oktavbreiten Spektren

Wie in Kapitel 2 beschrieben, ist für die Erzeugung eines optischen Frequenzkamms ein oktavbreites Spektrum nötig, wenn ein nichtlinearer Prozess zweiter Ordnung zur Messung der CEO-Frequenz genutzt werden soll (siehe Gleichung (2.16)). Das entscheidende Problem ist, dass Faserlaser im Allgemeinen nur Pulse mit spektralen Breiten von einigen 10 nm emittieren. Um die spektrale Breite außerhalb des Resonators deutlich zu erhöhen, gibt es prinzipiell zwei verschiedene Möglichkeiten. Die erste Möglichkeit basiert auf einer spektralen Verbreiterung über SPM in einer normal dispersiven Standardfaser [14]. Hierbei sind allerdings sehr hohe Pulsspitzenleistungen und hohe Nichtlinearitäten in der Faser nötig. Ohne die Verwendung von Hochleistungsverstärkern ist es deshalb mit Faserlasern kaum möglich, oktavbreite optische Spektren zu generieren.
Die zweite Möglichkeit wurde erstmals im Jahr 2000 von Ranka et al. präsentiert. Dabei wurde eine photonische Kristallfaser (PCF) mit anomaler GVD bei der Laserwellenlänge genutzt, um ein oktavbreites Spektrum mit einer sehr geringen Pulsspitzenleistung zu erzeugen [41]. Die Erzeugung dieser optischen Superkontinua mit kleinen Pulsspitzenleistungen konnte erstmals von Hermann et al. durch das Modell des Solitonenzerfalls erklärt werden [67]. Dieses Modell wird im nächsten Abschnitt ausführlich vorgestellt.

4.1 Modell des Solitonenzerfalls

Das Modell des Solitonenzerfalls von Hermann et al. basiert auf der Tatsache, dass jeder Puls sich unter Einfluss von Nichtlinearität und anomaler Dispersion in ein Soliton höherer Ordnung umwandelt [67]. Für die Ordnung N des entstandenen Solitons höherer Ordnung gilt Gleichung (2.9), wonach die Solitonenordnung abhängig von der Leistung, der Pulsdauer, der Dispersion und der Nichtlinearität ist. Der Prozess des Solitonenzerfalls ist in Abbildung 4.1 schematisch dargestellt.
Das Soliton höherer Ordnung unterliegt bei der Propagation äußeren Störungen durch TOD, den Raman-Effekt und Selbstaufsteilung, wodurch es instabil wird und auf den ersten Zentimetern innerhalb der PCF in fundamen-

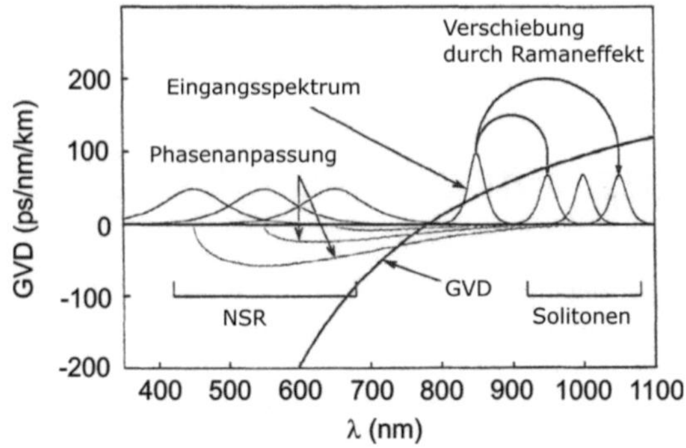

Abbildung 4.1: Schematische Darstellung des Solitonenzerfalls [67].

tale Solitonen zerfällt [14]. Nach Ref. [67] hat jedes fundamentale Soliton eine unterschiedliche Energie und Pulsdauer, wodurch sie durch die Intrapuls-Ramanstreuung (IRS; engl.: intra pulse raman scattering) unterschiedlich starke Frequenzverschiebungen zu höheren Wellenlängen erfahren. Während der Propagation verlieren die Solitonen Energie, die in Form von nicht-solitonischer Strahlung (NSR) abgestrahlt wird. Die jeweiligen Phasen des Solitons bei einer Frequenz ω_s und der NSR bei einer Frequenz ω sind durch $\phi_S = \beta(\omega_S)L + n_2 I\omega_S L/(2c) - \omega_S L/c$ und $\phi_{NSR} = \beta(\omega)L - \omega L/v_S$ gegeben, wobei v_S die Gruppengeschwindigkeit des Solitons darstellt [67]. Für den Fall der Phasenanpassung ($\Delta\phi = \phi_S - \phi_{NSR} = 0$) entstehen im Spektrum (in dem normal dispersiven Wellenlängenbereich der Faser) spektrale Komponenten.
Da durch den Ramaneffekt die Solitonen zu höheren Wellenlängen verschoben werden ist damit die Phasenanpassungsbedingung für kleinere Wellenlängen erfüllt und das gesamte Spektrum wird verbreitert. Der Spektralbereich zwischen dem Soliton und der NSR wird im Folgenden durch Vierwellenmischprozesse aufgefüllt [67]. Insgesamt können somit auch bei relativ kleinen Pulsenergien oktavbreite Spektren erzeugt werden. So wurde beispielsweise mit einer Pulsenergie von nur 200 pJ und optimal komprimierten Pulsen ein oktavbreites Spektrum in einer PCF erzeugt [68]. Im Rahmen dieser Arbeit konnte erstmals gezeigt werden, dass die Superkontinuumerzeugung durch Solitonenzerfall auch für Pulse möglich ist, die resistent gegen OWB sind. Hierdurch ist es möglich geworden auch für „wave-breaking"-freie Pulse die CEO-Frequenz mit einem f-2f-Interferometer zu bestimmen
Entscheidend für die Nutzung von verbreiterten Spektren für die Frequenzkammtechnologie ist allerdings, dass die Kohärenz des Spektrums zwischen

verschiedenen Pulsen und auch innerhalb des Spektrums erhalten bleibt. Für Verbreiterungen des Spektrums über SPM bleibt die Kohärenz vollständig erhalten [69]. Im Gegensatz dazu wurde gezeigt, dass bei einer Verbreiterung über den Solitonenzerfall die Kohärenz mit steigender eingekoppelter Pulsdauer stark abnimmt [69]. Dies ist exemplarisch für drei verschiedene Eingangspulsdauern in Abbildung 4.2 gezeigt.

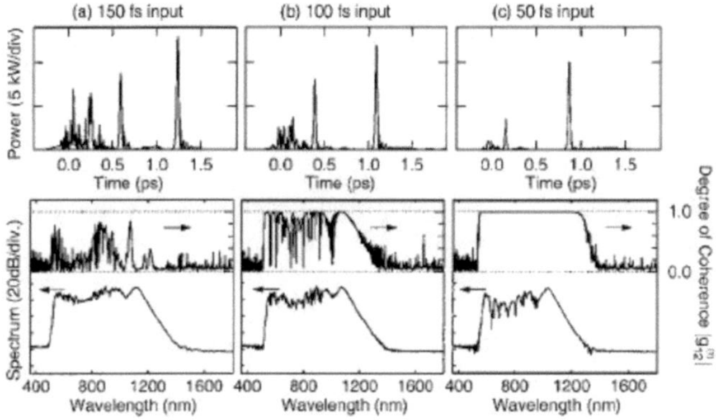

Abbildung 4.2: Abhängigkeit der Kohärenz von verschiedenen Eingangspulsdauern [69]: (a) 150 fs (b) 100 fs (c) 50 fs. Obere Reihe: Zeitliche Struktur des Superkontinuums; untere Reihe: Spektrum und Grad der Kohärenz.

Darüber hinaus zeigte sich, dass es sinnvoll ist möglichst kurze Fasern zu nutzen, um die Kohärenz zu erhalten [69].

Ein anderer entscheidender Aspekt ist, dass die Kammstruktur, genauer gesagt der Abstand der einzelnen Moden, auch bei der Superkontinuumerzeugung äquidistant über das gesamte Spektrum bleibt. Hier konnte von Udem et al. gezeigt werden, dass der Modenabstand eine Genauigkeit von mindestens $6{\cdot}10^{16}$ aufweist, wobei die Ergebnisse nur durch den experimentellen Aufbau limitiert waren [70]. Damit sind diese Spektren, wenn die Kohärenz erhalten bleibt, nutzbar für die optische Frequenzkammmetrologie.

Für die Realisierung eines f-2f-Interferometers muss eine entsprechende spektrale Leistungsdichte bei den Frequenzen f und $2f$ vorhanden sein, um die Schwebungsfrequenz messen zu können. Es wurde gezeigt, dass es durch künstlich erzeugte Phasenanpassung möglich ist, die spektralen Leistungsdichten bei bestimmten Frequenzen zu erhöhen. Dies kann durch Bragg-Strukturen realisiert werden, die in die PCFs geschrieben werden [71]. Für diese Anwen-

dung ist es nötig, dass die Fasern mit fotosensitiven Materialien wie Germanium kodotiert sind. Aufgrund der entstehenden Resonanzbedingung durch die Bragg-Struktur konnte eine Erhöhung der spektralen Leistungsdichte um 24 dB realisiert werden [72]. Bisher sind diese Fasern allerdings nur mit Dispersionsnullpunkten bei einer Wellenlänge von ca. 1,5 µm erhältlich, wodurch sie im Rahmen dieser Arbeit nicht genutzt werden konnten.
Ein wesentlich kostengünstigerer Ansatz, spektrale Komponenten mit bestimmten Frequenzen zu erzeugen, basiert auf einer genauen Wahl des Dispersionsnullpunktes der PCFs [73]. Es konnte gezeigt werden, dass es durch Verändern des Abstandes der Laserwellenlänge zu der Nulldispersionswellenlänge der PCF (ZDW; engl.: zero dispersion wavelength) möglich war spektrale Komponenten an verschiedenen Wellenlängen im sichtbaren Spektralbereich zu erzeugen. Dies konnte durch die Phasenanpassungsbedingung der NSR mit dem entsprechenden Soliton erklärt werden. In der vorliegenden Arbeit wurde dieses Prinzip durch die Wahl von Fasern mit verschiedenen Dispersionsnullpunkten umgesetzt, da die Emissionswellenlänge des Lasers nicht verändert werden konnte. Die Ergebnisse der spektralen und zeitlichen Untersuchungen zur Erzeugung von optischen Superkontinua bei einer Wellenlänge von 1 µm werden im folgenden Abschnitt beschrieben.

4.2 Einfluss der Nulldispersionswellenlänge auf den Solitonenzerfall

Im Rahmen dieser Arbeit wurden drei verschiedene PCFs mit unterschiedlichen ZDWs untersucht. Hierbei handelte sich um eine Faser mit einem Dispersionsnullpunkt bei 980 nm (PCF NL-3.1-980) [44], eine Faser mit einem Dispersionsnullpunkt bei 945 nm (PCF NL-3.2-945) [44] und eine Faser mit zwei Dispersionsnullpunkten bei 750 nm und 1250 nm (PCF NL-PM-750) [44], die ursprünglich für Anwendungen mit Ti:Sa Lasern hergestellt wurde. Die einzelnen Parameter der PCFs sind in Tabelle 4.1 aufgeführt.
Für die Untersuchungen wurde der in Abbildung 3.14 dargestellte Aufbau inklusive des Gitterkompressors genutzt. (Die Ausgangsdaten des Verstärkers finden sich in Kapitel 3.5.) Nach dem Kompressor wurden die Pulse in eine PCF eingekoppelt. Die Einkoppeleffizienzen lagen, je nach Modenfelddurchmesser der PCF, zwischen 20 und 50 %.
In Abbildung 4.3 sind die generierten optischen Spektren der drei PCFs (jeweils 14 cm lang) bei der maximal möglichen eingekoppelten Leistung dargestellt. Es zeigte sich, dass mit der zur Verfügung stehenden Pulsspitzenleistung keine ok-

Parameter	NL-3.1-980	NL-3.2-945	NL-PM-750*
L (cm)	14	14	14
MFD (µm)	3,1	2,8	1,6
ZDW (nm)	980	945	750,1250
GVD (ps^2)	-0,0038	-0,0128	-0,04
TOD (ps^3)	$4 \cdot 10^{-5}$	$4 \cdot 10^{-5}$	$4 \cdot 10^{-7}$
γ (W/km)	18	23	95
L_d (m)	2,16	0,63	0,20
L_{nl} (10 mW) (m)	$3,5 \cdot 10^{-5}$	$2,8 \cdot 10^{-5}$	$6,7 \cdot 10^{-6}$

Tabelle 4.1: Parameter der verwendeten drei PCFs. L: Faserlänge; MFD: Modenfelddurchmesser; ZDW: Nulldispersionswellenlänge ; GVD: Gruppengeschwindigkeitsdispersion; TOD: Dispersion dritter Ordnung; γ: Nichtlinearitätskoeffizient; L_d: Dispersionslänge; L_{nl}: nichtlineare Länge für 10 mW; Daten von Crystal-Fibre [74]; *: gemessene Daten bei 780 nm [74].

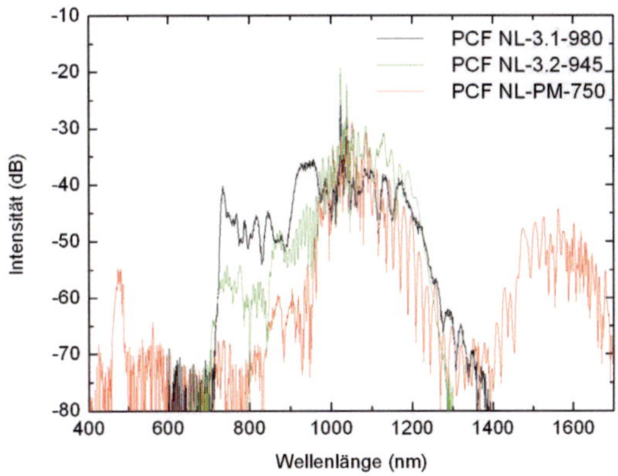

Abbildung 4.3: Gemessene Spektren nach den drei verschiedenen PCFs bei maximaler eingekoppelter mittlerer Leistung.

tavbreiten Spektren mit den PCFs NL-3.1-980 und NL-3.2-945 erzeugt werden konnten. Einzig mit der PCF NL-PM-750 war es möglich, spektrale Anteile zu generieren, die weiter als eine Oktave auseinanderlagen. Das Maximum der NSR lag dabei im grünen Spektralbereich um 500 nm. Der langwellige Anteil von 1400-1600 nm war für die Anwendung in einem f-2f-Interferometer nicht von Bedeutung.

Da nur mit dieser Faser ein oktavbreites Spektrum erzeugt werden konnte, wurden weitergehende Untersuchungen bezüglich der Superkontinuumerzeugung nur mit dieser Faser durchgeführt. Dabei wurde wie es üblich ist die jeweils eingekoppelte mittlere Leistung in die entsprechende Solitonenordnung umgerechnet (siehe Gleichung 2.9).
In Abbildung 4.4 ist die Entwicklung der Spektren mit steigender Solitonenordnung (erhöhter eingekoppelter Leistung) dargestellt.

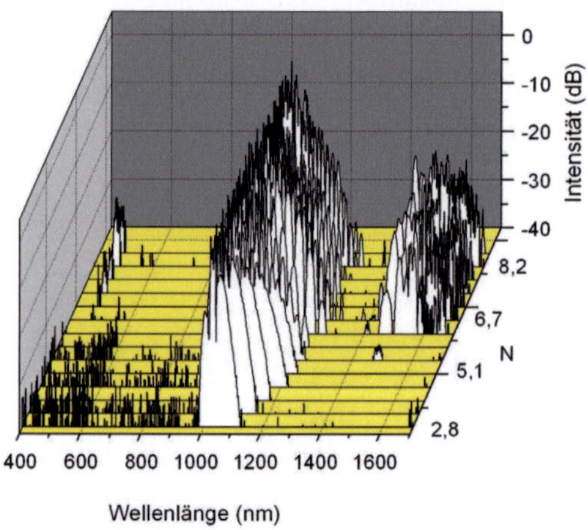

Abbildung 4.4: Optische Spektren in Abhängigkeit von der Solitonenordnung für die PCF NL-PM-750. Hierbei entspricht N = 1 einer transmittierten mittleren Leistung von 3 mW und N = 8,7 entspricht 29 mW.

Es zeigte sich, dass unterhalb einer bestimmten Schwelle (N ≈ 6) keine Entstehung von NSR zu erkennen war. Der Grund lag darin, dass das Eingangsspektrum erst über SPM bis zu einer Wellenlänge verbreitert werden musste, an der die Phasenanpassungsbedingung erfüllt war [73]. Diese Schwelle ist abhängig von der ZDW in Bezug auf die Laserwellenlänge und von der Solitonenordnung

der Eingangspulse. Für diese Faser konnten die ersten dispersiven Wellen bei 479 nm und 1595 nm für N = 6,7 (23,4 mW eingekoppelte mittlere Leistung) gemessen werden. Bei einer Erhöhung der Solitonenordnung auf 8,3 (29 mW eingekoppelte mittlere Leistung) konnte allerdings keine Verschiebung in der Wellenlänge festgestellt werden. Das Eingangsspektrum verbreiterte sich dabei auf 405 nm bei - 40 dB.
Während des Solitonenzerfalls wird durch den Intrapuls-Ramaneffekt eine spektrale Verschiebung der Solitonen zu höheren Wellenlängen erwartet, wenn die Solitonenordnung steigt (siehe Kapitel 4.1). Dies konnte hier nicht beobachtet werden, da der Einfluss durch IRS aufgrund der kurzen Faserlänge zu gering war. (Dies erklärt auch, warum die NSR bei Erhöhung der Solitonenordnung sich nur sehr wenig verschoben hatte.)

Neben der Untersuchung der spektralen Eigenschaften wurde auch die zeitliche Entwicklung in der PCF gemessen, um zusätzlich Aussagen über die Struktur der Pulse treffen zu können. Hierfür wurden die Pulse mit einem Autokorrelator vermessen. Die Ergebnisse sind in Abbildung 4.5 dargestellt. Anhand der gemessenen Autokorrelationsfunktionen konnte ein zeitlich lineares Auseinanderlaufen der einzelnen erzeugten Solitonen beobachtet werden, wie es durch das Modell des Solitonenzerfalls beschrieben wird.

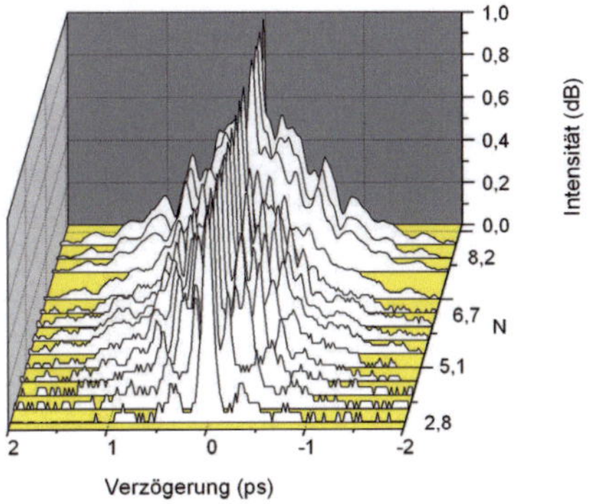

Abbildung 4.5: Gemessene Autokorrelationsfunktionen in Abhängigkeit von der Solitonenordnung für die PCF NL-PM-750. Hierbei entspricht N = 1 einer transmittierten mittleren Leistung von 3 mW und N = 8,7 entspricht 29 mW.

Durch die komplexe Struktur war es allerdings schwierig, einzelne Komponen-

ten für Solitonenordnungen größer als sechs zu identifizieren. Ein Phänomen, das sich auf den ersten Blick verwirrend darstellt, ist der zeitliche Zerfall des Solitons höherer Ordnung, ohne ein gleichzeitiges spektrales Äquivalent. Der Grund dafür lag in der hohen Störung des Solitons durch die TOD der Faser, die zu einem zeitlichen Zerfall führte [75].
Eine Untersuchung der Rauscheinflüsse wurde im Rahmen dieser Arbeit nicht durchgeführt, da die wesentlichen Einflüsse bereits vielfach veröffentlicht wurden. Da in dieser Arbeit gezeigt werden konnte, dass die Superkontinuumerzeugung unabhängig von der Eingangspulsform ist [76], sei an dieser Stelle auf ausführliche Diskussionen der Rauscheinflüsse in Ref. [77, 78] verwiesen.

4.3 Realisierung des f-2f-Interferometers

Die gewonnenen Ergebnisse aus Kapitel 4.2 fanden bei der Realisierung eines f-2f-Interferometers zur Bestimmung der CEO-Frequenz direkte Anwendung. Der schematische Aufbau ist in Abbildung 4.6 dargestellt.

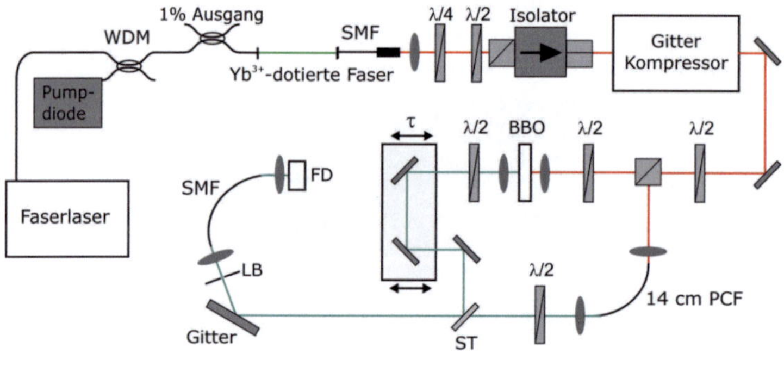

Abbildung 4.6: Aufbau des f-2f-Interferometers. SMF: Single-Mode-Faser; ST: Strahlteiler; LB: Lochblende; FD: Fotodiode.

Als Grundlage diente wieder der Laser inklusive des optischen Verstärkers und des Gitterkompressors (siehe Kapitel 3.5). Die Leistung des Verstärkers wurde an einem Polarisationsstrahlteilerwürfel in Kombination mit einer Halbwellenplatte in die zwei Arme des Interferometers aufgeteilt. In dem ersten Arm wurde das Spektrum in einem 1 mm langen BBO-Kristall direkt frequenzverdoppelt. Im zweiten Arm wurde der Laserpuls in die 14 cm lange PCF NL-PM-750 eingekoppelt. Das generierte Spektrum bei maximaler eingekoppelter Leistung ist in Abbildung 4.7 dargestellt.
Zur Messung der CEO-Frequenz wurde der spektrale Anteil um 515 nm verwen-

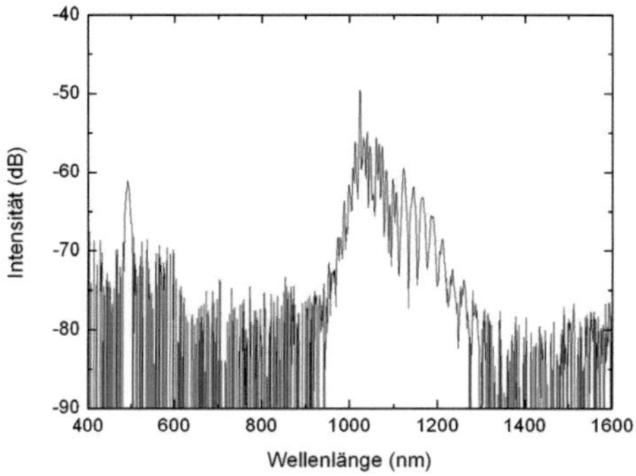

Abbildung 4.7: Superkontinuum für das f-2f-Interferometer.

det und mit dem frequenzverdoppelten Signal aus dem ersten Arm zeitlich über eine Verzögerungsstrecke überlagert. Anschließend wurden die Spektralkomponenten an einem Gitter räumlich separiert und in eine SMF mit einer cut-off Wellenlänge von 480 nm eingekoppelt. So wurde ein optimaler räumlicher Überlapp der Spektralkomponenten des frequenzverdoppelten Signals und des in der PCF verbreiterten Spektrums gewährleistet. Das Schwebungssignal wurde mit einer Avalanche Fotodiode aufgenommen und mit einem Radiofrequenzanalysator (Agilent E4440A) vermessen. Da ein Schwebungssignal gemessen werden konnte, war die zu erwartende Kohärenzdegradation bei der verwendeten Faserlänge und Pulsdauer während der Superkontinuumerzeugung vernachlässigbar. Die Ergebnisse der CEO-Frequenz Messungen werden in Kapitel 7 vorgestellt und diskutiert.

Zuvor werden die Grundlagen der Rauschmessungen und die Ergebnisse der Phasenrauschmessungen der Repetitionsrate und einer optischen Linie in den Kapiteln 5 und 6 vorgestellt.

5 Beschreibung von Rauscheigenschaften

In diesem Kapitel werden zu Beginn die verschiedenen Rauschgrößen, die in einem Laser auftreten können, und deren Kopplungen untereinander vorgestellt. Nachdem die Grundlagen für die Beschreibung dieser Größen durch spektrale Rauschleistungsdichten erläutert wurden, werden die Quantenlimitierungen eines Lasers analytisch berechnet und mit einem numerischen Modell verglichen. Abschließend wird die quantenlimitierte Linienbreite für passiv modengekoppelte Laser hergeleitet.

5.1 Rauschgrößen

Modengekoppelte Laser weisen im Vergleich zu kontinuierlich betriebenen Lasern im Allgemeinen sehr viele Größen auf, die durch verschiedenste Einflüsse fluktuieren können. In erster Linie sind es die bekannten Größen wie beispielsweise Pulsenergie, Pulsdauer, die Zentralfrequenz, die spektrale Breite und die Phase eines optischen Pulses. Einer der wichtigsten Größen ist allerdings der zeitliche Jitter, der Fluktuationen der Pulsposition in Bezug auf die Repetitionsrate beschreibt. Diese Größe entspricht anschaulich der Variation der Ankunftszeit eines optischen Pulses an einer definierten Position im Resonator. Dieser Wert kann als absoluter oder als relativer zeitlicher Jitter angegeben werden. Unter der absoluten Größe wird die Abweichung eines optischen Pulses, definiert über den Schwerpunkt des Pulses, von dem Ticken einer hypothetischen, idealen Uhr verstanden. Im Allgemeinen wird der zeitliche Jitter aber relativ zu einem anderen Oszillator wie beispielsweise einem anderen Laser oder einem elektronischen Oszillator spezifiziert.
Weitere wichtige Größen sind das Phasenrauschen einer optischen Linie und das Rauschen der CEO-Phase (siehe Kapitel 2.3). Letzteres steht in direktem Zusammenhang mit dem Phasenrauschen der optischen Moden innerhalb des Resonators. Dieser Effekt wird in Kapitel 7 im Detail diskutiert.
Diese beschriebenen Rauschgrößen unterliegen verschiedensten Kopplungen, wie in Abbildung 5.1 schematisch skizziert. Die Größen, die im Folgenden be-

trachtet werden sollen, sind die Pulsenergie (E_P), die Pulsdauer (τ_P), der zeitliche Jitter (Δt), die Variation der Zentralfrequenz (ν_c), die optische Phase der Zentralfrequenz (φ_{opt}) und die Verstärkung des Lasermediums (g). Ein vollständiges Bild über alle Kopplungsmechanismen an dieser Stelle darzustellen, wäre nur schwer realisierbar. Daher sollen hier nur exemplarisch die Kopplungen der Größen, die zu einer veränderten zeitlichen Ankunftszeit des Pulses führen, erläutert werden.

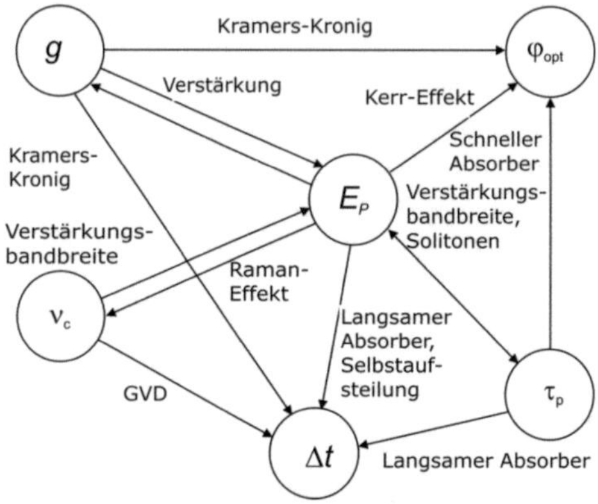

Abbildung 5.1: Skizze der möglichen Wechselwirkungen der verschiedenen fluktuierenden Größen [79]. g: Verstärkung; φ_{opt}: optische Phase; E_P: Pulsenergie; ν_c: Zentralfrequenz; Δt: zeitlicher Jitter; τ_P: Pulsdauer.

Es gibt verschiedene direkte und indirekte Einflüsse, die auf den zeitlichen Jitter wirken. Einen direkten Einfluss haben Fluktuationen der Pulsenergie, die durch die Wirkung eines langsamen sättigbaren Absorbers oder den Effekt des Selbstaufsteilens (siehe Kapitel 2.1) den Schwerpunkt des Pulses beeinflussen und somit zu einer Variation der Ankunftszeit des Pulses führen. Ähnlich wirken sich Änderungen der Pulsdauer auf den Schwerpunkt des Pulses aus. Änderungen der Verstärkung bewirken durch die Kramers-Kronig Relationen ebenfalls eine Veränderung der Ankunftszeit des Pulses. Diese Relationen beschreiben die Veränderung des Brechungsindex durch Absorption [80].

Indirekte Effekte bewirken spektrale Änderungen, die über die GVD zu einer veränderten Ankunftszeit führen. Beispielsweise können Fluktuationen der Pulsenergie durch den Raman-Effekt das Spektrum zu höheren Wellenlängen verschieben, wodurch sich die Zentralwellenlänge ändert.

An diesen Erklärungen und an Abbildung 5.1 wird die Problematik bereits sehr deutlich, dass jede Änderung einer Größe zu der Änderung mindestens einer weiteren Größe führt. Dieser noch einfache Fall wird deutlich komplexer, wenn Kopplungen in beide Richtungen auftreten. Hierdurch kommt es zu einer nichtlinearen Dynamik, die nur durch ein numerisches Modell wiedergegeben werden kann. Einfache analytische Modelle können diese Kopplungen nur näherungsweise beschreiben.
Nachdem ein kurzer Einblick über die verschiedenen Rauschgrößen und die Komplexität dieses Themas gegeben wurde, soll in den nächsten Abschnitten dieses Kapitels auf die mathematische Beschreibung von Rauschprozessen durch spektrale Rauschleistungsdichten und die Beschreibung von Quantenrauschprozessen eingegangen werden.

5.2 Beschreibung durch spektrale Rauschleistungsdichten

In der Literatur gibt es verschiedene, mehr oder weniger vollständige Spezifikationen von Rauscheigenschaften. Daher soll hier im Folgenden eine ausführliche Beschreibung gegeben werden. Dieses geschieht in Anlehnung an Ref. [81, 82]. Da im Gegensatz zu kontinuierlich emittierenden Lasern die Rauschparameter von modengekoppelten Lasern nicht auf einer kontinuierlichen Zeitskala definiert sind, sondern diskreten Zeitpunkten zugeordnet sind, werden Rauschspektren (oder genauer die spektralen Rauschleistungsdichten) maximal bis zu der Nyquistfrequenz ($f_{Rep}/2$) spezifiziert.

Wie bereits beschrieben, ist der zeitliche Jitter (Δt) ein wesentlicher Aspekt, der in dieser Arbeit untersucht wurde. Daher wird an dieser Stelle explizit auf diesen eingegangen. Über die Beziehung

$$\Delta\varphi = 2\pi f_{Rep} \cdot \Delta t \tag{5.1}$$

kann der zeitliche Jitter auch durch einen Phasenfehler $\Delta\varphi$ angegeben werden. Hierbei entspricht f_{Rep} der Repetitionsrate des Lasers. Entsprechend gilt, dass eine Veränderung der Ankunftszeit des Pulses um genau eine Pulsperiode als Phasenverschiebung von 2π interpretiert werden kann. An dieser Stelle ist besonders hervorzuheben, dass dieses Phasenrauschen nicht dem Rauschen der optischen Phase entspricht, sondern nur dem Phasenrauschen der niedrigsten Harmonischenordnung des Ausgangssignals einer Fotodiode, wenn mit dieser die optische Leistung der Pulse detektiert wird. Die folgende Definition der Rauschparameter für den zeitlichen Jitter ist auch für andere Parameter wie beispielsweise die Pulsenergie E_P, die Abweichung einer optischen Frequenz $\Delta\nu_c$ von einer Referenzfrequenz oder auch die optische Phase φ_{opt} äquivalent. In der Zeitdomäne können die Phasenfluktuationen eines Pulses ($\Delta\varphi(t)$) durch eine Autokorrelationsfunktion beschrieben werden. Diese wird genutzt, um eventuelle Korrelationen (periodische Störungen) beschreiben zu können. Bei Wiederholungen im Signal würden sich dann Maxima in der Autokorrelationsfunktion bei den Zeitverschiebungen ergeben, die den Wiederholungsdauern der Signale entsprechen. Für die Autokorrelationsfunktion gilt allgemein:

$$G_\varphi(\tau) = \langle \Delta\varphi(t)\Delta\varphi^*(t+\tau)\rangle \tag{5.2}$$

wobei * den komplex konjugierten Anteil und $\langle\ldots\rangle$ den Erwartungswert der Phasenfluktuationen darstellt, der definiert ist als:

$$\lim_{T\to\infty}\frac{1}{T}\int_{-T/2}^{+T/2}\Delta\varphi(t)\Delta\varphi^*(t+\tau)dt. \tag{5.3}$$

Dieser Erwartungswert konvergiert für unendliche Zeiten gegen Null, da es sich um einen Zufallsprozess handelt.

Im Allgemeinen werden Rauschprozesse aber in der Frequenzdomäne durch spektrale Rauschleistungsdichten (im Folgenden auch als PSD bezeichnet; engl.: power spectral density) $S(f)$ beschrieben und stellen eine Funktion gegenüber Rauschfrequenzen bezogen auf die Trägerfrequenz dar. In wissenschaftlichen Veröffentlichungen werden hauptsächlich zweiseitige PSDs verwendet, die sowohl für positive als auch für negative Rauschfrequenzen gegenüber der Trägerfrequenz definiert sind. Hierbei gilt: $S(-f) = S(f)$. Beispielsweise beschreibt $S_\varphi(f)$ die spektrale Rauschleistungsdichte der zeitlichen Phase φ als Funktion der Rauschfrequenz f gegenüber der Trägerfrequenz. Teilweise wird in verschiedenen Veröffentlichungen auch eine Darstellung durch einseitige spektrale Rauschleistungsdichten $L(f)$ (SSB PSD; engl.: one-sided power spectral density oder auch single-sideband power spectral density) genutzt. Diese sind allerdings nur für positive Frequenzen definiert und es gilt nach Ref [83]:

$$L(f) = 2\cdot S_\varphi(f). \tag{5.4}$$

Da die spektralen Rauschleistungsdichten im Frequenzraum definiert sind, gilt durch die Fouriertransformation:

$$S_{\varphi}(f) = \lim_{T\to\infty} \frac{1}{T} \left| \int_{-T/2}^{+T/2} \Delta\varphi(t) e^{+i2\pi f t} dt \right|^2 . \tag{5.5}$$

Mit dieser Betrachtung wird die Fouriertransformation für eine endliche Zeit berechnet und der Grenzwert für $T \to \infty$ gebildet. Hierdurch wird eine Divergenz für große Zeiten vermieden [79].
Durch das Wiener-Khinchin Theorem ist die Autokorrelationsfunktion mit der PSD durch folgenden Zusammenhang verknüpft:

$$S_{\varphi}(f) = \int_{-\infty}^{+\infty} G_{\varphi}(\tau) e^{i2\pi f \tau} d\tau. \tag{5.6}$$

Die Varianz dieser Größe, die in diesem Fall dem Quadrat des zeitlichen Jitters entspricht, ergibt sich zu:

$$\sigma^2_{\Delta\varphi} = \langle |\Delta\varphi|^2 \rangle = G_{\varphi}(0) = \int_{-\infty}^{+\infty} S_{\varphi}(f) df. \tag{5.7}$$

Dieses Integral divergiert für einen freilaufenden, passiv modengekoppelten Laser bei $f = 0$ durch eine langsame Drift der Repetitionsrate (siehe Abb. 3.7). Aktiv modengekoppelte Laser oder stabilisierte Laser weisen bei $f = 0$ keine Divergenz auf, da hier die Repetitionsrate exakt festgehalten wird (siehe Kapitel 2.1).

Die Beschreibung eines Rauschprozesses durch Phasenrauschen ist äquivalent zu einer Beschreibung durch Frequenzrauschen. Da das Frequenzrauschen definiert ist als das Rauschen einer instantanen Frequenz $\nu = \frac{1}{2\pi}\frac{\partial\varphi}{\partial t}$, gilt für die PSDs folgender Zusammenhang:

$$S_{\nu}(f) = \frac{1}{f^2} S_{\varphi}(f). \tag{5.8}$$

An dieser Gleichung wird deutlich, dass frequenzunabhängiges (weißes) Rauschen für Phasenfluktuationen zu einer f^{-2}- Abhängigkeit führt.

5.3 Quantenrauschen

Nachdem die mathematischen Formalismen, um mögliche Rauschgrößen zu beschreiben, erläutert wurden, soll in diesem Abschnitt der Begriff des Quantenrauschens beziehungsweise der Quantenlimitierungen definiert werden. Prinzipiell gibt es zwei verschiedene Arten von Quantenlimitierungen, die zu unterscheiden sind: das fundamentale Limit, das aus physikalischen Gründen nicht unterschritten werden kann, und das Limit, das durch Quanteneffekte wie beispielsweise spontane Emission in einem Laser hervorgerufen wird. Die erste Limitierung gilt für alle gepulsten Systeme die keine Squeezing-Effekte aufweisen [82] und soll in Abschnitt 5.3.1 beschrieben werden. In Abschnitt 5.3.2 wird dann die zweite Limitierung eines Lasers beschrieben. In beiden Fällen wird die PSD des quantenlimitierten zeitlichen Jitters hergeleitet. Abschließend werden in Abschnitt 5.3.3 die analytischen Berechnungen mit numerischen Resultaten für ein einfaches Lasermodell verglichen.

5.3.1 Fundamentales Quantenlimit für Phasenfluktuationen

Für die folgenden Herleitungen wird eine semiklassische Beschreibung des Quantenrauschens betrachtet. Nicht gequetschtes (vollständig unkorreliertes) Licht am Quantenlimit kann mit einer Gaußschen Wahrscheinlichkeitsverteilung beschrieben werden, und für die entsprechende Autokorrelationsfunktion 1. Ordnung gilt nach Gleichung (5.2):

$$G_{\Delta A}(\tau) \equiv \langle \Delta A^*(t) \Delta A(t+\tau) \rangle = \frac{\Theta h\nu}{2} \delta(\tau), \tag{5.9}$$

wobei A die komplexe Amplitude des Pulses ist ($A^2 = P$) und ΔA eine kleine Abweichung von dieser repräsentiert. Weiterhin beschreibt $\delta(\tau)$ die Dirac-Funktion und $h\nu$ die Photonenenergie. Diese Gleichung beschreibt, dass die Rauschbeiträge bei verschiedenen Zeiten unkorreliert sind und entsprechend weißes Rauschen vorliegt. An dieser Stelle wurde der Parameter Θ eingeführt, der die verstärkte spontane Emission in Quasi-Drei-Niveau Verstärkermedien berücksichtigt. (Dieser Faktor ist für Ytterbiumlaser bei einer Wellenlänge von 1030 nm ca. 3 [84].) Für Licht eines kontinuierlich betriebenen Lasers mit einer konstanten mittleren Leistung $\bar{P}$ gilt für die Autokorrelationsfunktion 2. Ordnung:

$$G_{\Delta P}(\tau) \equiv \langle \Delta P(t) \Delta P(t+\tau) \rangle = \bar{P} \Theta h\nu \delta(\tau). \tag{5.10}$$

Für die spektrale Rauschleistungsdichte des relativen Intensitätsrauschens ergibt sich mit Gleichung (5.6) durch Fouriertransformation:

$$S_{\Delta P}(f) = \frac{\Theta h\nu}{\bar{P}}. \tag{5.11}$$

Dies entspricht dem Schrotrauschen des Intensitätsrauschens in Form einer zweiseitigen PSD und bildet das fundamentale Quantenlimit der Amplitudenfluktuationen.

Für die Betrachtung des Timing Jitters von gepulsten Systemen wird eine Pulsform mit einer optischen Leistung $P(t) = \tilde{P}(t) + \Delta P(t)$ betrachtet, wobei $\tilde{P}(t)$ einem rauschfreien Puls bei $t = 0$ entspricht, und $\Delta P(t)$ die Leistungsfluktuationen repräsentiert. Durch den zusätzlichen Rauschterm kann sich die Pulsposition geringfügig verschieben, obwohl die gemittelte Pulsverschiebung gleich Null ist, da sich die Rauscheinflüsse über lange Zeit heraus mitteln. Mathematisch bedeutet dies, dass der Erwartungswert der Pulsverschiebung gleich Null ist, während die Varianz ungleich Null ist.
Für die Varianz der Pulsposition folgt mit Gleichung (5.9):

$$\begin{aligned}
\sigma_{t_m}^2 &= \frac{1}{E_P^2}\left\langle \left(\int t\delta P(t)dt \right)^2 \right\rangle \\
&= \frac{1}{E_P^2}\left\langle \int\int tt'\delta P(t)\delta P(t')dtdt' \right\rangle \\
&= \frac{1}{E_P^2}\left\langle \int\int tt'\left(A^*(t)\delta A(t) + c.c.\right)\cdot\left(A^*(t')\delta A(t') + c.c.\right)dtdt' \right\rangle \\
&= \frac{1}{E_P^2}\int\int tt'\left(2\tilde{P}(t)\frac{\Theta h\nu}{2}\delta(t-t')\right)dtdt' \\
&= \frac{\Theta h\nu}{E_P^2}\int t^2\tilde{P}(t)dt.
\end{aligned} \tag{5.12}$$

Hierbei wurde Gleichung (5.9) verwendet. Für eine sech^2-Pulsform mit einer Pulsdauer τ_P (FWHM; engl.: full width at half maximum) ergibt sich für die Varianz näherungsweise [82]:

$$\sigma_{t_m}^2 = 0{,}2647\frac{\Theta h\nu}{E_P}\tau_P^2, \tag{5.13}$$

wenn gilt [82]:

$$\frac{1}{E_P}\int t^2\tilde{P}(t)dt \approx =0{,}2647\tau_P^2. \qquad (5.14)$$

Der Vorfaktor ist dabei abhängig von der Pulsform. (Für einen Gaußpuls würde sich ein Vorfaktor von 0,1803 ergeben [82].) Für einen durch Quantenfluktuationen begrenzten Pulszug mit einer Repetitionsrate f_{Rep} sind die zeitlichen Fehler verschiedener Pulse unkorreliert, wodurch sich weißes Rauschen mit einer PSD von:

$$S_{t_m}(f) = \frac{\sigma_{t_m}^2}{f_{Rep}} \approx =0{,}2647\frac{\Theta h\nu}{P_{av}}\tau_P^2 \qquad (5.15)$$

für eine sech^2-Pulsform ergibt, wobei P_{av} die mittlere Leistung der Pulse beschreibt.
Die Varianz der PSD innerhalb der Messfrequenzbandbreite B_f ergibt für das fundamentale Quantenlimit [82]:

$$\sigma_{t_m}^2 = S_{t_m}2B_f \approx =0{,}2647\frac{\Theta h\nu}{P_{av}}\tau_P^2 2B_f. \qquad (5.16)$$

Für einen hier behandelten Laser mit typischen Parametern wie einer Wellenlänge von 1030 nm, einer mittleren optischen Leistung von 30 mW, einer gemittelten Pulsdauer von 4 ps und einer Bandbreite von angenommen 16,4 MHz (Nyquistfrequenz), ergibt sich für das fundamentale Quantenlimit ein zeitlicher Jitter von $\sigma_{t_m}^2 \approx (2{,}6\,\text{fs})^2$.
Im Allgemeinen wird das fundamentale Quantenlimit nicht erreicht werden, da die Einflüsse durch Quanteneffekte wie beispielsweise spontane Emission typischerweise Größenordnungen über dem fundamentalen Limit liegen [82].

5.3.2 Analytische Berechnungen der Quanteneffekte

In diesem Abschnitt wird die Limitierung durch Quanteneffekte, die in einem Laser beispielsweise durch spontane Emission induziert werden, diskutiert. Hierzu werden analytische Berechnungen des quantenlimitierten Phasenrauschens der Repetitionsrate vorgestellt. Diese erlauben es, einen Einblick in die physikalischen Mechanismen des modengekoppelten Lasers zu bekommen. Das erste analytische Modell für die Beschreibung von Quanteneffekten in ei-

nem modengekoppelten Laser wurde von Haus und Mecozzi entwickelt und beruht auf der Soliton-Störungstheorie [11]. Die Einflüsse des Quantenrauschens wurden hierbei als schwache Störung angenommen. In dem Modell wird ein optischer Puls durch vier dynamische Variablen beschrieben: die Pulsenergie, die optische Phase, den zeitlichen Jitter und die Abweichung des Spektrums von dem Schwerpunkt des Pulses durch Fluktuationen der optischen Zentralfrequenz. Vereinfachungen wie die Nichtberücksichtigung eines Chirps der Pulse erlauben entsprechend nur eine Anwendung auf Solitonen. Eine weitere Vereinfachung ist die Annahme einer konstanten Verstärkung, wodurch eine Beschreibung von Relaxationsoszillationen nicht möglich ist [81].
Eine wesentliche Aussage der Arbeit von Haus und Mecozzi ist, dass es zwei wesentliche Einflüsse auf den zeitlichen Jitter gibt. Neben einem direkten Einfluss, basierend auf Quantenfluktuationen während des Verstärkungsprozesses, gibt es einen indirekten Einfluss durch Fluktuationen der optischen Zentralfrequenz, die über die Gruppengeschwindigkeitsdispersion auf die zeitliche Position wirken (siehe Kapitel 5.1).
Durch die oben beschriebenen Einschränkungen und die verschiedenen Vereinfachungen lässt sich dieses Modell nicht für den hier untersuchten „wavebreaking“-freien Faserlaser anwenden, da hier keine statische Pulspropagation vorliegt, und die starken zeitlichen und spektralen Veränderungen in einem Resonatordurchlauf nicht berücksichtigt werden können (siehe Kapitel 3.2).
Einige Jahre später wurde von Paschotta gezeigt, dass die grundlegenden Aussagen von Haus und Mecozzi über den direkten und indirekten Einfluss auf die Quantenlimitierungen des Lasers nicht nur für Solitonenlaser gelten, sondern unabhängig von dem Pulsformungsprozess sind [82]. Der absolute Wert der Rauschparameter hängt lediglich leicht von der Pulsform (beispielsweise sech^2- oder Gaußpulse) ab und wird durch einen konstanten Vorfaktor berücksichtigt (siehe Gleichung (5.13)). Im Folgenden wird die PSD des quantenlimitierten Phasenrauschens in Anlehnung an Ref. [82] hergeleitet.
Für die mathematische Herleitung der PSD der zeitlichen Phasenfluktuationen wird ein stark vereinfachtes Modell genutzt. Hierbei propagiert ein optischer Puls in einem Resonator ohne Dispersion und Nichtlinearität. Dieser Laser ist durch einen schnellen sättigbaren Absorber modengekoppelt. Trotz dieser Einschränkungen lassen sich grundlegende Aussagen bezüglich des Quantenrauschens formulieren. Ein Puls in dem Resonator erfährt während eines Durchlaufs sowohl Rauscheinflüsse durch spontane Emission des Verstärkungsmediums als auch durch Vakuumfluktuationen, die durch die Verluste (inklusive der Auskopplung) in den Resonator eintreten. Es konnte gezeigt werden, dass die Verstärkung und die Verluste in gleichen Teilen zu dem Quantenrauschen eines Lasers beitragen [82]. Die komplexen Rauschamplituden, die zu dem rauschfreien Beitrag addiert werden, haben folgende Autokorrelationsfunktion:

$$G_{\Delta A}(\tau) \equiv \langle \Delta A^*(t)\Delta A(t+\tau)\rangle = \Theta h\nu g\delta(\tau), \tag{5.17}$$

wobei g die Verstärkung ist. In Analogie zu Gleichung (5.12) ergibt sich für die Varianz pro Umlauf:

$$\sigma_{t_m}^2 = \frac{\Theta h\nu}{E_P^2} 2g \int t^2 \tilde{P}(t)dt. \tag{5.18}$$

Durch die Addition der unkorrelierten Rauschamplituden wird an jedem Zeitpunkt die Amplitude, abhängig von der relativen Phase der ursprünglichen Amplitude und des Rauschbeitrages, entweder erhöht oder erniedrigt. Dadurch kann sich der Schwerpunkt des Pulses im Zeitbereich verändern, wodurch Fluktuationen der Ankunftszeit der Pulse entstehen. Die Varianz der zeitlichen Fluktuationen für aufeinander folgende Resonatorumläufe addiert sich, da sie unabhängig voneinander sind. Das bedeutet, dass die Varianz der zeitlichen Fluktuationen entsprechend linear mit der Zeit zunimmt und es gilt:

$$\sigma_{\Delta t}^2(t) \equiv \left\langle (t_m(t) - t_m(0))^2 \right\rangle = \frac{\Theta h\nu}{E_P^2} 2g \left(\int t'^2 \tilde{P}(t')dt' \right) \frac{t}{T_{rt}}, \tag{5.19}$$

wobei $T_{rt} = 1/f_{Rep}$ die Resonatorumlaufdauer repräsentiert.
Die spektrale Rauschleistungsdichte ist aufgrund der linearen Abhängigkeit der Varianz von der Zeit t proportional zu f^{-2} und es gilt für sech^2-Pulse mit Gleichung (5.14) und nach Ref.[82]:

$$S_{\Delta t}(f) = \frac{1}{(2\pi f)^2} \frac{h\nu}{E_P^2} \frac{2g}{T_{rt}} \int t^2 \tilde{P}(t)dt \quad \approx 0{,}5294 \frac{1}{(2\pi f)^2} \frac{h\nu}{E_P} \frac{g}{T_{rt}} \tau_P^2. \tag{5.20}$$

Durch diesen Term ist es nun möglich, den direkten Einfluss der spontanen Emission als spektrale Rauschleistungsdichte auszudrücken.
Der indirekte Einfluss der Quanteneffekte in einem Laser basiert wie beschrieben auf Fluktuationen der Zentralfrequenz, die über die Gruppengeschwindigkeitsdispersion des Lasers zu einer Erhöhung des zeitlichen Jitters führen. Durch das analytische Modell von Paschotta konnten auch die Resultate von Haus und Mecozzi verifiziert werden [82]. Voraussetzung war allerdings, dass sich die Pulsdauer sowie die spektrale Breite in einem Umlauf nicht stark ändern. Wie in Kapitel 3.2 gezeigt wurde, ist das bei dem hier behandelten Fa-

serlaser nicht der Fall. Daher wurde im Rahmen dieser Arbeit das bestehende Modell von Paschotta erstmals für entsprechende Lasersysteme weiterentwickelt. Dadurch ist es möglich geworden auch analytische Abschätzungen für den hier untersuchten Laser zu treffen. Für den indirekten Einfluss, der über spektrale Änderungen definiert ist, werden Amplituden in der Frequenzdomäne normiert, sodass gilt: $\int |A_f(f)|^2 df = E_P$. Auch hier soll mit der Betrachtung der Autokorrelationsfunktion begonnen werden. Es gilt:

$$G_{\Delta A_f}(\Delta f) \equiv \left\langle \Delta A_f^*(f) \Delta A_f(f + \Delta f) \right\rangle = \Theta h\nu g \delta(\Delta f). \tag{5.21}$$

An dieser Stelle beschreibt Δf einen festen Frequenzoffset und δ die Dirac-Funktion. Für die Zunahme der Varianz der Zentralfrequenzfluktuationen durch spontane Emission pro Umlauf ergibt sich analog zu Gleichung (5.12):

$$\Delta\sigma_{f_c}^2 = \frac{1}{E_P^2} \left\langle \left(\int f \left(A_f^*(f) \Delta A_f(f) + c.c. \right) df \right)^2 \right\rangle = \frac{\Theta h\nu}{E_P^2} 2g \int f^2 |A_f(f)|^2 df \tag{5.22}$$

Unter der Annahme, dass ein begrenztes Verstärkungsspektrum das Pulsspektrum auf eine Referenzfrequenz zurückzieht, steigt die Varianz linear mit der Zeit, und für die PSD gilt nach Ref. [82]:

$$S_{fc}(f) = \frac{1}{(2\pi f)^2 + \tau_f^{-2}} \frac{\Theta h\nu}{E_P^2} \frac{2g}{T_{rt}} \int f'^2 |A_f(f')|^2 df'. \tag{5.23}$$

Hierbei entspricht τ_f der Zeitkonstanten eines Hochpassfilters, die die Rückstellkraft des in diesem Laser verwendeten spektralen Filters repräsentiert. Diese Ergänzung war nötig, da das Spektrum bei der Propagation durch das optische Filter (Filter-WDM) immer wieder zu der Zentralwellenlänge des Filters zurückgeführt wurde, und somit alle im Resonatorumlauf entstandenen spektralen Veränderungen aufgehoben wurden. Da die Filterbandbreite im Vergleich zu der Verstärkungsbandbreite sehr klein war, fiel der Effekt der Rückstellkraft deutlich höher aus. Für τ_f gilt:

$$\tau_f = \frac{3T_{rt}(\pi\Delta\nu_F)^2(0{,}315/(1{,}763\Delta\nu_P))^2}{2} \approx 0,47T_{rt}\left(\frac{\Delta\nu_F}{\Delta\nu_P}\right), \tag{5.24}$$

wobei $\Delta\nu_F$ die Halbwertsbreite des optischen Filters und $\Delta\nu_P$ die spektrale

Halbwertsbreite des Pulses darstellt. Weiter gilt analog zu Gleichung (5.14):

$$\frac{1}{E_P}\int f^2\left|A_f(f)\right|^2 df \approx 0{,}2647\Delta\nu_P^2. \tag{5.25}$$

Mit diesen Gleichungen lassen sich die spektralen Rauschleistungsdichten der Zentralfrequenzfluktuationen berechnen. Um allerdings den Übergang zu den zeitlichen Fluktuationen zu erhalten, muss, wie in Kapitel 5.1 beschrieben, die Kopplung über die Gruppengeschwindigkeitsdispersion betrachtet werden. Entscheidend ist an dieser Stelle die Gesamtdispersion β_{2net} des Lasers.

Insgesamt ergibt sich für die PSD der zeitlichen Fluktuationen (direkte und indirekte Einflüsse) bei Betrachtung von sech^2-Pulsformen folgende Gleichung:

$$S_{\Delta t}(f) = 0,5294\frac{1}{(2\pi f)^2}\frac{\Theta h\nu}{E_P}\frac{g}{T_{rt}}\tau_P^2 + \left(\frac{\beta_{2net}}{fT_{rt}}\right)S_{f_c}(f) \tag{5.26}$$

mit $S_{f_c}(f)$ aus Gleichung (5.23) und (5.25). Aufgrund der sich stark ändernden Pulsparameter in einem Umlauf müssen für die Berechnung der PSD hierbei Durchschnittswerte der Pulsparameter angenommen werden. Ein Vergleich der analytischen Ergebnisse mit den Resultaten von numerischen Simulationen für ein einfaches Lasermodell wird im Folgenden beschrieben.

5.3.3 Vergleich mit numerischen Berechnungen der Quanteneffekte

Um die Qualität der analytischen Ergebnisse zu überprüfen, wurde ein bestehendes numerisches Modell genutzt [81]. In diesem Modell wird ein Puls durch ein Datenfeld von komplexen Amplituden repräsentiert, das die spektrale und zeitliche Pulsform in der Zeit- oder Frequenzdomäne beschreibt. Verschiedene Einflüsse die auf den Puls wirken, können somit in der entsprechenden Domäne beschrieben werden. Der Wechsel zwischen den Domänen geschieht durch Fouriertransformationen. Durch dieses Modell ist es prinzipiell möglich, verschiedene Lasertypen unabhängig von dem Pulsformungsprozess zu beschreiben. Bei passiv modengekoppelten Lasern kann die Modenkopplung durch einen schnellen oder langsamen sättigbaren Absorber oder eine entsprechende Transferfunktion (vgl. Kapitel 3.4) initiiert werden. Ebenfalls können Dynamiken in der Verstärkung sowie verschiedene Kopplungsprozesse (siehe Kapitel 5.1) in das Modell mit einbezogen werden.
Anhand eines einfachen Lasermodells wurde überprüft, inwieweit das analy-

tische Modell mit den numerischen Berechnungen übereinstimmte. Der Resonator bestand aus einem wellenlängenunabhängigen Auskoppler, einem schnellen sättigbaren Absorber mit einer Modulationstiefe von 50% und einer Sättigungsleistung von 500 W, einem Bandpass-Filter mit einer Halbwertsbreite von 15 nm, einer 4 Meter langen passiven Single-Mode-Faser mit Dispersion und Kerr-Nichtlinearität (vgl. Tabelle 3.1). Weiterhin wurde ein wellenlängenunabhängige isolierte Verstärkung von 5,4 (1/m) angenommen. Durch die Vereinfachung gegenüber dem realen Laser wurde die Rechenzeit für die Simulation deutlich gesenkt, und Vergleiche mit dem analytischen Modell gestalteten sich einfacher [85]. Trotz der starken Vereinfachungen gegenüber einem realen Laser ließen sich so allgemeine Aussagen bezüglich der Qualität der analytischen Abschätzung treffen. Für die analytischen Berechnungen wurden die in Tab. 5.1 aufgeführten Werte verwendet.
Es zeigte sich, dass das analytische Modell nicht sehr gut geeignet ist, um entsprechende Lasersysteme zu beschreiben. In Abbildung 5.2 und 5.3 sind die Ergebnisse der numerischen Simulationen (Punkte) zusammen mit den analytischen Resultaten gezeigt (durchgezogene Linie). (Die gestrichelte Linie beschreibt einen Fit der numerischen Resultate.) In Abbildung 5.2 ist zu erkennen, dass die Fluktuationen der Zentralfrequenz für Rauschfrequenzen unterhalb von 3 MHz ca. 20 dB höher sind, als durch das analytische Modell berechnet.
Unter Berücksichtigung der Kopplung über die Gruppengeschwindigkeitsdispersion wird der Fit der Simulationen in die PSD der zeitlichen Fluktuationen umgerechnet. Das Ergebnis ist in Abbildung 5.3 dargestellt. Entsprechend ist unterhalb von einer Rauschfrequenz von 3 MHz das simulierte Phasenrauschen ca. 12 dB größer, als es durch das analytische Modell zu erwarten war. Aufgrund des zusätzlichen direkten Einflusses des Quantenrauschens ist die relative Zunahme der PSD der zeitlichen Phasenfluktuationen geringer als der Unterschied

Parameter	Werte
ν	288 THz
E_P	6 nJ
g	0,7
T_{rt}	30,4 ns
τ_p	5 ps
β_2	0,144 ps^2
Θ	3

Tabelle 5.1: Parameter für analytische Berechnungen.

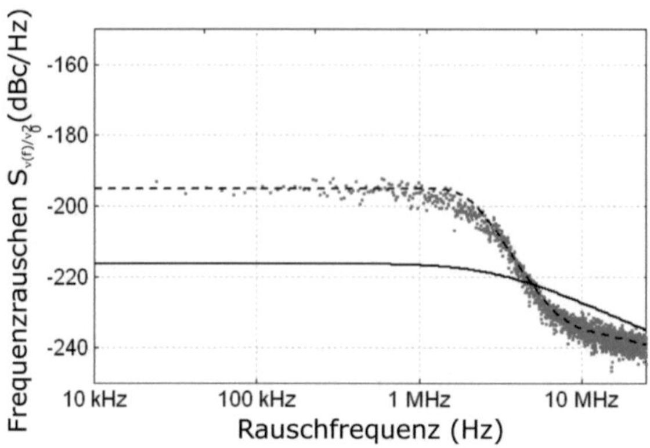

Abbildung 5.2: Durchgezogene Linie: Rauschen der optischen Zentralfrequenz basierend auf dem analytischen Modell; Punkte: Ergebnisse der numerischen Simulationen des Rauschens der Zentralfrequenz; gestrichelte Linie: Fit der Ergebnisse der numerischen Simulationen.

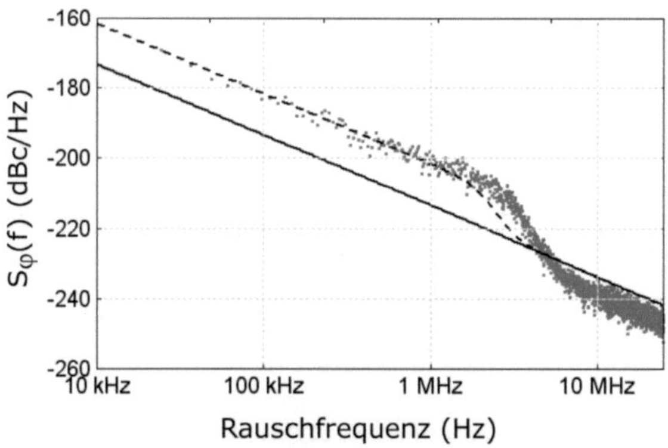

Abbildung 5.3: Durchgezogene Linie: PSD der zeitlichen Fluktuationen nach dem einfachen analytischen Modell; gestrichelte Linie: Zeitliches Rauschen basierend auf den simulierten Fluktuationen der optischen Zentralfrequenz (siehe Abbildung 5.2); Punkte: Ergebnisse der numerischen Simulation.

in der PSD der Zentralfrequenzfluktuationen.
Insgesamt stellte sich heraus, dass das analytische Modell den Einfluss der Zentralfrequenzfluktuationen deutlich unterbewertet, wodurch das zeitliche Phasenrauschen ebenfalls als zu gering berechnet wird. Die Unterschiede zwischen dem analytischen und numerischen Modell beruhen auf starken nichtlinearen Kopplungen der Rauschparameter, die in dem einfachen analytischen Modell nicht wiedergegeben werden können (siehe Kapitel 5.1). Aufgrund der vielen Kopplungsmechanismen (siehe Bild 5.1) ist es allerdings nicht möglich, die Stärke der einzelnen Kopplungen zu spezifizieren. Auch die starken nichtlinearen Einflüsse während der Propagation, durch die sich die Laserparameter in einem Umlauf sehr stark ändern (siehe Kapitel 3.4), können in dem analytischen Modell nicht berücksichtigt werden.

5.4 Schalow-Townes-Linienbreite

Die Schalow-Townes-Linienbreite beschreibt die spektrale Linienbreite einer optischen Mode eines Lasers, die sich aus dem fundamentalen Quantenlimit ergibt. In Abschnitt 5.4.1 wird die PSD des optischen Phasenrauschens auf Basis der Schalow-Townes-Linienbreite für einen passiv modengekoppelten Laser in Anlehnung an Ref. [86] hergeleitet. Zum Abschluss des Kapitels wird in Abschnitt 5.4.2 die PSD des optischen Phasenrauschens auf eine Frequenz nahe Null übertragen, um die PSD für das CEO-Phasenrauschen berechnen zu können.

5.4.1 Linienbreite einer optischen Mode

Bereits vor der ersten experimentellen Realisierung des Lasers wurde von Schalow und Townes die fundamentale Linienbreite einer optischen Mode berechnet. Für eine detaillierte Herleitung sei auf Ref. [87] verwiesen. Für die Beschreibung von optischem Phasenrauschen kann die Gleichung von Schalow und Townes in einer abgeänderten, aber äquivalenten Form betrachtet werden [86]. Es gilt:

$$\Delta\nu_{ST} = \frac{\Theta h\nu l_{ges} T_{Ak}}{4\pi T_{rt}^2 \bar{P}}. \tag{5.27}$$

Hierbei repräsentiert $\Delta\nu_{ST}$ die Halbwertsbreite der optischen Linie, l_{ges} die Gesamtverluste, T_{Ak} die Auskopplertransmission und $\bar{P}$ die mittlere Ausgangs-

leistung des Lasers. Diese Gleichung wurde ursprünglich für einen kontinuierlichen Laser entwickelt. Es konnte allerdings gezeigt werden, dass sie auch für alle Linien eines aktiv modengekoppelten Lasers zutrifft, wenn die gesamte Ausgangsleistung, anstatt der Leistung einer optischen Mode, für $\bar{P}$ angesetzt wird [88, 89]. Dies kann durch den Modenkopplungsmechanismus erklärt werden, der dafür sorgt, dass die Phasenbeiträge zwar fluktuieren können, sich aber keine unabhängige Verschiebung einstellen kann. Für einen aktiv modengekoppelten Laser kann sich daher nur eine Phasenverschiebung aller Moden einstellen, da alle nicht korrelierten Phasenfluktuationen durch den Modulator gedämpft werden. Eine exakte Beschreibung findet sich in Ref. [86].
Um das optische Phasenrauschen durch eine PSD zu beschreiben, muss die f^{-2}-Abhängigkeit für quantenrauschlimitiertes Phasenrauschen berücksichtigt werden. Allgemein gilt für die Linienbreite:

$$\Delta\nu_{opt} = 2\pi S_{\varphi,opt}(f) f^2. \tag{5.28}$$

Zusammen mit Gleichung (5.27) ergibt sich die PSD für quantenrauschlimitiertes, optisches Phasenrauschen zu:

$$S_{\varphi,opt,ST} = \frac{\Theta h l_{ges} T_{Ak}}{8\pi^2 T_{rt}^2 \bar{P} f^2} = \frac{1}{8\pi^2}\frac{\Theta h\nu}{E_P}\frac{l_{ges}}{T_{rt}} f^{-2}. \tag{5.29}$$

Hierbei gilt: $T_{Ak}/\bar{P} = 1/\bar{P}_{Int} = 1/(E_P f_{Rep})$. Dabei stellt $\bar{P}_{Int}$ die interne mittlere Leistung und E_P die Pulsenergie dar.
Für passiv modengekoppelte Laser muss Gleichung (5.29) verändert werden, da in diesem Fall zusätzlich zu dem Drift der mittleren optischen Phase unbeschränkte Drifts der Frequenz (und damit der Phase) $(\partial\varphi/\partial\nu)$ auftreten können. Dies macht sich in unterschiedlichem Phasenrauschen im Zentralteil des Pulses und dessen Flanken bemerkbar.
Ein Vergleich von Gleichung (5.20) mit Gleichung (5.29) zeigt die Ähnlichkeit der beiden Gleichungen, sodass näherungsweise gilt:

$$S_{\varphi,t}(f) \approx (2\pi f_{Rep}\tau_P)^2\, S_{\varphi,opt,ST}(f). \tag{5.30}$$

Weiterhin sollen nun die zusätzlichen Phasenfluktuationen in den Pulsflügeln, bei einer Frequenz $\nu = \bar{\nu} + \Delta\nu$, berücksichtigt werden, die durch zeitliche Fluktuationen (Δt) auftreten. Es gilt:

$$\varphi(\bar{\nu}+\Delta\nu)=\varphi\bar{\nu}+\frac{\partial\varphi}{\partial\nu}\Delta\nu=\varphi(\bar{\nu})+2\pi\Delta t\Delta\nu. \tag{5.31}$$

Somit ergibt sich, unter der Voraussetzung, dass die Phasen und zeitlichen Fluktuationen unkorreliert sind, für die PSD der Phasenfluktuationen bei der Frequenz $\nu=\bar{\nu}+\Delta\nu$:

$$\begin{aligned} S_{\varphi_{opt,Flügel}}(f) &= S_{\varphi,opt,ST}(f)+(2\pi\Delta\nu)^2 S_{\Delta t}(f) \\ &= S_{\varphi,opt,ST}(f)+\left(\frac{\Delta\nu}{f_{Rep}}\right)^2 S_{\varphi,t}(f) \\ &= S_{\varphi,opt,ST}(f)\left[1+(2\pi\Delta\nu\tau_P)^2\right]. \end{aligned} \tag{5.32}$$

Ein wesentlicher Punkt ist, dass für passiv modengekoppelte Laser (mit einem schnellen Absorber) das Phasenrauschen einer optischen Linie durch den Kerreffekt drastisch erhöht werden kann. Dieser Effekt tritt in nahezu jedem Ultrakurzpuls-Faserlaser auf und führt zu einer Kopplung von Intensitäts- und Phasenfluktuationen. Selbst schrotrauschbegrenztes Intensitätsrauschen führt so zu einer starken Erhöhung des Phasenrauschens über das Schalow-Townes-Limit. Die durchschnittliche nichtlineare Phasenverschiebung φ_{nl} in einem Resonatorumlauf (B-Integral, siehe Kapitel 2.2) ist mit den zusätzlichen Phasenfluktuationen über

$$T_{rt}\frac{\partial\varphi}{\partial t}=\varphi_{nl}\frac{\delta E_P}{E_P} \tag{5.33}$$

verbunden. Hierdurch kann die Kopplung zwischen dem relativen Intensitätsrauschen und den Phasenfluktuationen beschrieben werden. Für die PSD folgt:

$$S_{\varphi,nl}(f)=\left(\frac{\varphi_{nl}}{2\pi f T_{rt}}\right)^2 S_I(f)=\left(\frac{\varphi_{nl}}{2\pi f T_{rt}}\right)^2\frac{\Theta h\nu}{E_P}\frac{1}{T_{rt}}. \tag{5.34}$$

Hierbei wurde die PSD des schrotrauschbegrenzten relativen Intensitätsrauschens $S_I=\frac{h\nu}{E_P f_{Rep}}$ verwendet. Mit dieser Gleichung lässt sich der zusätzliche Einfluss des Kerreffektes berücksichtigen, auch wenn das Intensitätsrauschen aufgrund der vielen Kopplungsprozesse (siehe Kapitel 5.1) oberhalb des Schrotrauschens liegen sollte.

Ein Vergleich von Gleichung (5.29) und (5.34) ergibt, dass der Unterschied zwischen diesen beiden PSDs proportional zu dem Verhältnis zwischen der nichtlinearen Phasenverschiebung zum Quadrat(φ_{nl}^2) und den Gesamtverlusten des Resonators (l_{ges}) ist:

$$\frac{S_{\varphi,nl}(f)}{S_{\varphi,opt,ST}(f)} = \frac{2\varphi_{nl}^2}{l_{ges}}. \tag{5.35}$$

Es ist offensichtlich, dass bei Faserlasern, bei denen $\varphi_{nl} \gg 1$ sein kann („wave-breaking"-freie Faserlaser), das Phasenrauschen sehr weit über dem Schalow-Townes-Limit liegen wird.

5.4.2 Linienbreite des CEO-Signals

Das Rauschen der CEO-Frequenz kann nach Ref. [86] durch eine Extrapolation des optischen Phasenrauschens innerhalb des optischen Spektrums zu einer Frequenz von Null abgeschätzt werden. Hierfür wird in Gleichung (5.32) $\Delta\nu$ durch ν_{opt} angenähert. Dies ist eine gute Näherung, da gilt: $\nu_{CEO} < f_{Rep} \ll \nu_{opt}$. Für die PSD der CEO-Phase gilt daher [86]:

$$S_{\varphi,CEO}(f) = S_{\varphi,opt,ST}(f)\,(2\pi\nu_{opt}\tau_P)^2 = \frac{1}{2}\frac{h\nu\Theta}{E_P}\frac{l_{ges}}{1}\,(\nu_{opt}\tau_P)^2\,\frac{f_{Rep}}{f^2}. \tag{5.36}$$

Hierbei wurde der direkte Einfluss des Schalow-Townes Terms vernachlässigt, da dieser sehr klein ist, wenn die Anzahl der optischen Zyklen innerhalb der Pulsdauer ($\nu_{opt}\tau_p$) groß ist. Aus diesem Zusammenhang folgt, dass für stark gechirpte Pulse die PSD des quantenlimitierten CEO-Phasenrauschens um die Anzahl der optischen Zyklen zum Quadrat größer ist als die Schalow-Townes-Linienbreite. Die experimentellen Ergebnisse der Untersuchungen der CEO-Frequenz werden in Kapitel 7.2 im Detail beschrieben.

6 Messungen des Phasenrauschens

In diesem Kapitel werden die Messungen des Phasenrauschens der Repetitionsrate und des Phasenrauschens einer optischen Spektrallinie in der Nähe der Zentralwellenlänge beschrieben. Diese werden dann mit den analytischen und numerischen Berechnungen der Quantenfluktuationen (Kapitel 5.3.2 und 5.3.3), beziehungsweise dem Schalow-Townes Limit verglichen (siehe Kapitel 5.4.1).

6.1 Phasenrauschen der Repetitionsrate

Für die Messung des Phasenrauschens der Repetitionsrate wurden in dieser Arbeit zwei verschiedene Ansätze verfolgt. Die erste Methode nach von der Linde [90] war technisch einfach umzusetzen. Sie hat aber den entscheidenden Nachteil, dass das Phasenrauschen des Vergleichoszillators (Lokaloszillator (LO)) die Messung verfälschen kann, wenn der Laser ein niedrigeres Phasenrauschen aufweist. Um die gewonnenen Ergebnisse zu verifizieren, wurde eine zweite Methode verwendet, die unabhängig von dem Phasenrauschen des LOs ist. Hierbei wurde die relative Phase zwischen zwei nahezu identischen Lasern gemessen. Diese Methode bot den Vorteil, dass das tatsächliche Phasenrauschen unabhängig von dem Amplitudenrauschen gemessen werden konnte. Diese Messmethode wurde im Rahmen dieser Arbeit erstmals für passiv modengekoppelte Laser mit Repetitionsraten von ca. 30 MHz eingesetzt.

6.1.1 Charakterisierung nach der „von der Linde"-Methode

Wie in Abschnitt 5.2 beschrieben, können spektrale Rauschleistungsdichten durch die Detektion eines optischen Pulszuges mit einer Fotodiode und beispielsweise einem Radiofrequenzanalysator gemessen werden. Dies entspricht dem Aufbau der „von der Linde"-Methode. Im Folgenden soll ein kurzer Überblick über die theoretischen Grundlagen hierfür gegeben werden. Ausführliche Beschreibungen finden sich unter anderem in den Referenzen [90, 91].

Theoretische Beschreibung der Messmethode

Ein optischer Pulszug eines modengekoppelten Lasers mit einer mittleren Leistung P_0 kann durch:

$$P(t) = \frac{P_{av}}{f_{Rep}}[1 + A(t)] \sum_{n=-\infty}^{+\infty} \delta \left[t - \frac{n}{f_{Rep}} - \Delta t(t)\right] \tag{6.1}$$

dargestellt werden, wobei P_{av} die mittlere Leistung, $A(t)$ die normierten Intensitätsfluktuationen und $\Delta t(t)$ die zeitlichen Fluktuationen beschreibt. Das mit einem Radiofrequenzanalysator detektierte Signal entspricht der Fouriertransformation von $P(t)$ und besteht aus δ-Funktionen bei ganzzahligen Harmonischen (n) der Repetitionsrate f_{Rep}.
Für optische Pulse mit kleinen Phasenabweichungen ($\Delta\varphi \ll 1$) von dem Mittelwert kann die spektrale Leistungsdichte beschrieben werden durch:

$$\begin{aligned} S_P(f) \approx P_{av}^2 \sum_{n=-\infty}^{+\infty} &\left\{\left[1 - (2\pi n f_{Rep}\sigma_{\Delta t})^2\right] \delta\left(f - n f_{Rep}\right)\right. \\ &+ \left[1 - (2\pi n f_{Rep}\sigma_{\Delta t})^2\right] S_I\left(f - n f_{Rep}\right) \\ &+ (2\pi n f_{Rep}\sigma_{\Delta t})^2 S_\varphi\left(f - n f_{Rep}\right), \end{aligned} \tag{6.2}$$

wobei $\sigma_{\Delta t}$ die Standardabweichung von $\Delta t(t)$ darstellt (zeitlicher Jitter), $S_I(f)$ und $S_\varphi(f)$ die PSD der Intensitätsfluktuationen bzw. der Phasenfluktuationen repräsentieren. Hiernach sollte die Ordnung der Harmonischen bis zu $n = \infty$ gehen. In der Realität weist das gemessene Frequenzspektrum allerdings eine Grenzfrequenz auf, die durch die Antwortzeit der Fotodiode, die verwendeten Kabel und auch den Spektrumanalysator vorgegeben wird. Mathematisch ergibt sich für das resultierende Spektrum $S_K(f)$:

$$S_K(f) \propto |h(f)|^2 S_P(f), \tag{6.3}$$

wobei $h(f)$ der Fouriertransformation der Systemantwort entspricht (inklusive aller bandbreitenbegrenzenden Elemente).
Nach Gleichung (6.2) weisen die einzelnen Ordnungen der Harmonischen der Repetitionsrate Seitenbänder auf, die aus Intensitätsrauschen $S_I\left(f - n f_{Rep}\right)$ und Phasenrauschen $(2\pi n f_{Rep})^2 S_\varphi\left(f - n f_{Rep}\right)$ resultieren. Entsprechend steigt der Einfluss des Phasenrauschens quadratisch mit der Ordnung der Harmo-

nischen, während das Amplitudenrauschen unabhängig davon ist. (Hierbei wurden die Terme proportional zu $\sigma^2_{\Delta t}$ vernachlässigt, da die Phasenabweichungen als klein angenommen wurden.) Dieses Verhalten ist in Abbildung 6.1 skizziert. Durch die Untersuchung von hohen Harmonischen der Repetitionsrate lässt sich entsprechend der Anteil des Phasenrauschens von dem Amplitudenrauschen separieren. Das Phasenrauschen der fundamentalen Repetitionsrate entspricht daher dem Phasenrauschen einer hohen Harmonischenordnung dividiert durch den entsprechenden Faktor n^2.

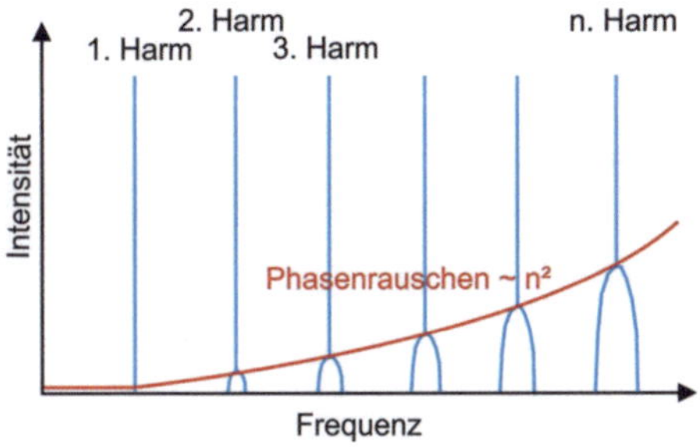

Abbildung 6.1: Skizze der Abhängigkeit des Phasenrauschens von der Harmonischenordnung der Repetitionsrate.

Um die verschiedenen Rauschbeiträge zu messen, wurde in dieser Arbeit ein Radiofrequenzanalysator genutzt (Agilent E4440A [92]), mit dem direkt einseitige PSDs ($L(f)$) gemessen werden konnten (siehe Kapitel 5.2). Im Allgemeinen lässt sich die einseitige PSD aus der Leistung der Trägerfrequenz (P_c), der Leistung in einem 1 Hz breiten Seitenband bei einer Rauschfrequenz f ($P(f)$) und der Auflösungsbandbreite des Spektrumanalysators (B) berechnen. Hierbei ist zu beachten, dass die Auflösungsbandbreite mit einem Faktor multipliziert ist, der die entsprechende Filterfunktion auf eine 1 Hz breite Rechteckfunktion normiert. (Für den im Folgenden verwendeten Spektrumanalysator war dieser Wert von dem Hersteller nicht zu erfahren [92]. Es wurde allerdings versichert, dass der Faktor in der Auswertungssoftware berücksichtigt wurde.) Es gilt für die einseitige PSD der Phasenfluktuationen nach Ref. [93]:

$$L(f) = 10 \log \left[\frac{P(f)}{BP_c} \right]. \tag{6.4}$$

Nach von der Linde [90] kann sowohl das Phasen- als auch das Amplituden-

rauschen aus den PSDs der verschiedenen Harmonischenordnungen der Repetitionsrate bestimmt werden, wenn folgende Voraussetzungen erfüllt sind: die Pulsbreite weist keinerlei Fluktuationen auf, Amplituden- und Phasenfluktuationen sind klein und nicht korreliert.
Die PSD der Phasenfluktuationen $L(f)$ lässt sich nach von der Linde [90] und Son et al. [94] durch den Vergleich zwischen der PSD der fundamentalen Repetitionsrate $L_1(f)$ und der n-ten Harmonischen der Repetitionsrate $L_n(f)$ durch folgende Relationen bestimmen:

$$L(f) = 10\log\left\{\left[10^{\frac{L_n(f)}{10}} - 10^{\frac{L_1(f)}{10}}\right]/(n^2-1)\right\}. \tag{6.5}$$

Der RMS-Wert der Phasenfluktuationen (zeitlicher Jitter) kann über einen bestimmten Frequenzbereich (f_L, f_H) anhand des folgenden Ausdrucks berechnet werden:

$$\sigma_{\Delta t} = \frac{1}{2\pi f_{Rep}}\left[2\int_{f_L}^{f_H} 10^{\frac{L(f)}{10}} df\right]^{\frac{1}{2}}. \tag{6.6}$$

Experimentelle Realisierung

Der Aufbau für die Messung des Phasenrauschens nach der „von der Linde“-Methode ist in Abbildung 6.2 skizziert.

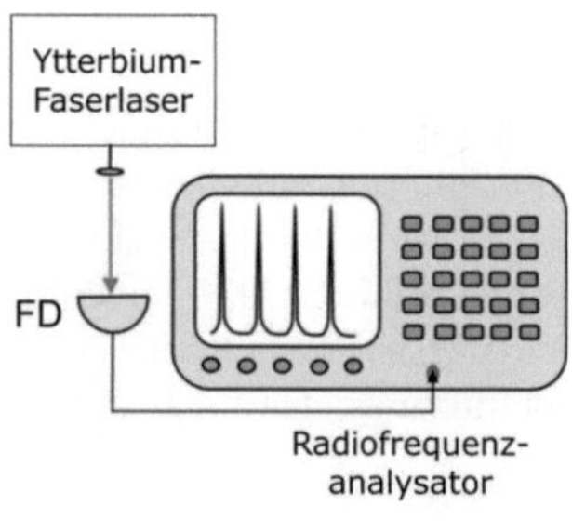

Abbildung 6.2: Skizze des Messaufbaus nach der „von der Linde“-Methode. FD: Fotodiode.

Im Experiment wurde hierfür der optische Pulszug mit einer Fotodiode gemessen, die eine Grenzfrequenz von 10,2 GHz aufwies, und das detektierte Signal wurde mit dem Radiofrequenzanalysator ausgewertet. Dieser besaß eine maximale Bandbreite von 26,5 GHz und eine minimale Auflösungsbandbreite von 1 Hz. Das gemessene Signal ist über einen Frequenzbereich von 0 bis 5 GHz in Abbildung 6.3 dargestellt. Wie durch Gleichung (6.3) beschrieben, nahm die Leistung aufgrund der frequenzabhängigen Antwort des Systems mit steigender Harmonischenordnung ab.

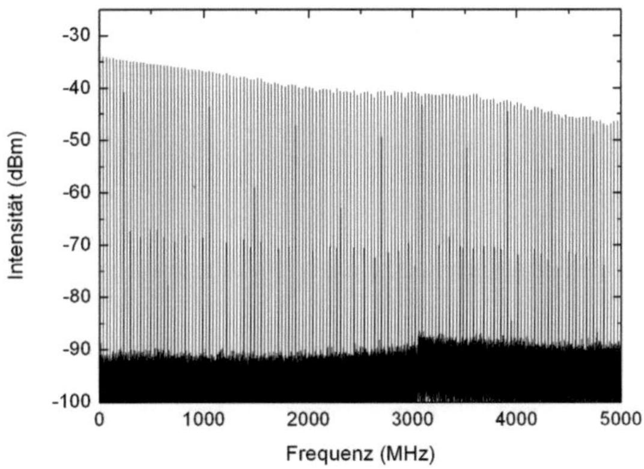

Abbildung 6.3: Radiofrequenzspektrum eines optischen Pulszuges von 0 bis 5 GHz.

Durch die langsame Drift der Repetitionsrate des freilaufenden Faserlasers (siehe Abb. 3.7) war es nicht möglich, sehr hohe Harmonische ($n \gg 100$) zu vermessen, da sich die Trägerfrequenz während der Messungen zu stark veränderte. Messungen bis zu der 100. Harmonischen waren hingegen durch die kurzen benötigten Messzeiten realisierbar.
Um das Signal-zu-Rauschverhältnis der Harmonischenordnungen im Bereich von $n \approx 100$ zu erhöhen, wurde ein Bandpassfilter (Transmission $<$ 3 dB: 3 GHz - 4,3 GHz) in Kombination mit einem elektrischen Verstärker genutzt. Der Verstärker besaß innerhalb einer Bandbreite von 500 MHz, zentriert bei 3,55 GHz, eine Verstärkung von 23 dB und eine Rauschzahl von 0,9 dB. Durch diese Kombination ergab sich das maximale Signal-zu-Rauschverhältnis bei der 93. Harmonischenordnung (3,05 GHz). Diese wurde entsprechend für die folgenden Messungen genutzt.

Im Rahmen dieser Arbeit wurde die beschriebene „von der Linde"-Methode modifiziert, da für den verwendeten Laser eventuelle Kopplungen zwischen Amplituden- und Phasenrauschen durch den hohen Einfluss von nichtlinearen Effekten nicht ausgeschlossen werden konnten (siehe Kapitel 5.4.1). Daher wurde hier nur die PSD der 93. Harmonischenordnung ausgewertet, und es wurde auf die Differenzbildung mit der PSD der fundamentalen Repetitionsrate, die hauptsächlich die Anteile der Intensitätsfluktuationen enthält, verzichtet. Dies entspricht nicht dem gängigen Ansatz wie er in der Literatur, beispielsweise von Son et al. [94] oder Finch et al. [95], verfolgt wird. Diese Modifizierung führt zwar dazu, dass ein berechneter zeitlicher Jitter nur eine obere Grenze für die Fluktuationen darstellt, verhindert aber eine Fehlinterpretation der Ergebnisse.

Ergebnisse

Die aus den gemessenen Daten berechnete PSD der Phasenfluktuationen der fundamentalen Repetitionsrate ist in Abbildung 6.4 für Rauschfrequenzen von 100 Hz bis zur Nyquist-Frequenz (16,4 MHz) dargestellt. Hierfür wurden die Werte der Phasenfluktuationen der 93. Harmonischen durch den Faktor (93^2) geteilt. Dies entspricht einer Reduktion der PSD um $\approx$-39 dB.
Aufgrund der langsamen Schwankungen der Repetitionsrate (siehe Abb. 3.7), wurden die PSDs erst ab Rauschfrequenzen von 100 Hz gemessen (schwarze durchgezogene Kurve). Die Spitzen bei niedrigen Rauschfrequenzen entstanden durch parasitäre elektrische Effekte in den Spannungsquellen der Verstärker. Dies wurde experimentell verifiziert. Oberhalb einer Frequenz von $\approx$ 10 kHz war die Messung durch das Phasenrauschen des LOs des Spektrumanalysators limitiert (rote durchgezogene Kurve).
Die Ergebnisse der numerischen Simulationen sind als durchgezogene graue Kurve in der Abbildung eingezeichnet. Hierfür wurde die Pulspropagation unter Einfluss von Quanteneffekten simuliert (siehe Kapitel 5.3.3). Die für die Simulation genutzten Parameter sind in Tabelle 3.1 aufgeführt. Die Berechnung erfolgte dabei nur für Frequenzen größer als 80 kHz, da die Rechenzeit des verwendeten Computers invers proportional zur Rauschfrequenz skalierte. Diese Ergebnisse konnten allerdings zu niedrigen Frequenzen extrapoliert werden (grau gepunktete Kurve), da die PSD für quantenlimitierte Phasenfluktuationen mit einem Faktor $1/f^2$ skalieren muss (siehe Gleichung (5.26)). Insgesamt zeigte sich eine exzellente Übereinstimmung mit den experimentellen Daten.
Zusätzlich ist in Abbildung 6.4 das Ergebnis der analytischen Berechnungen nach Gleichung (5.26) eingetragen (schwarze gestrichelte Kurve). Dieses lag ca. 14 dB unterhalb der gemessenen PSD (100 Hz bis $\approx$10 kHz). Der Unterschied

zwischen den analytischen und numerischen Ergebnissen resultierte, wie bereits beschrieben, aus den großen nichtlinearen Einflüssen während eines Resonatorumlaufs und den sich stark ändernden Pulsparametern (siehe Kapitel 3.4 und 5.3.3).

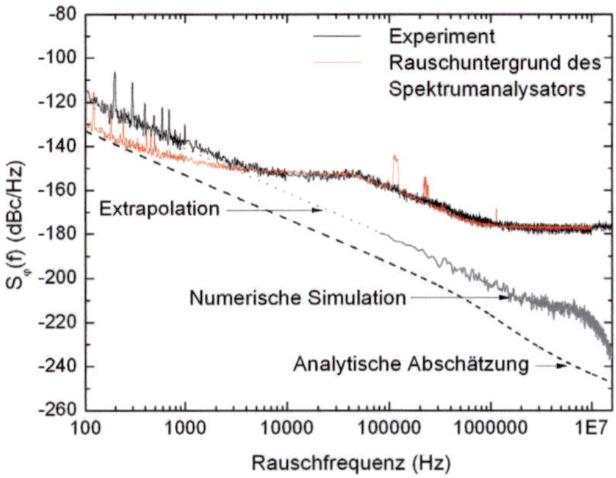

Abbildung 6.4: PSD der Phasenfluktuationen der fundamentalen Repetitionsrate nach modifizierter „von der Linde“-Methode (schwarze durchgezogene Kurve) inklusive des Rauschuntergrunds des Spektrumanalysators (rote durchgezogene Kurve). Zusätzlich sind die analytischen (schwarz gestrichelte Kurve) und numerischen Ergebnisse (graue durchgezogene Kurve) inklusive der Extrapolation der Daten (grau gepunktete Kurve) dargestellt.

Durch diese Ergebnisse konnte erstmals gezeigt werden, dass in einem komplett faserbasierten Laser bei 1 µm Wellenlänge alle technischen Rauscheinflüsse soweit unterdrückt werden konnten, dass nur noch quantenlimitiertes Phasenrauschen dominierte. Dies führte in dem experimentell zugänglichen Bereich von 100 Hz bis 10 kHz zu einem quantenlimitierten zeitlichen Jitter von 90 fs (nach Gleichung 6.6), der vergleichbar mit dem Wert des simulierten zeitlichen Jitters von 86 fs war.

Ein Vergleich mit Ergebnissen, die bisher von anderen Gruppen mit Faserlasern im „wave-breaking“-freien Pulsregime erreicht wurden, ist nicht möglich, da hierzu bisher keine Daten veröffentlicht wurden. Vergleiche zu verschiedenen rauscharmen Lasern in anderen Pulsregimen sind nicht sinnvoll, da unterschiedliche Pulsregime, wie in Kapitel 2 diskutiert, auf einem völlig anderen

Zusammenspiel von Dispersion und Nichtlinearität beruhen. Anderen Gruppen war es jedoch auch möglich, quantenrauschbegrenzte Laser zu realisieren. Zur Berechnung des Quantenlimits wurde dabei allerdings meist das bestehende (und fehlerhafte [81]) Modell von Haus und Mecozzi verwendet. So wurde beispielsweise von Namiki et al. auf Basis der fehlerhaften Theorie ein passiv modengekoppelter, komplett faserbasierter Laser beschrieben [96], der einen quantenlimitierten zeitlichen Jitter aufweisen sollte. Hierbei wurde jedoch nur der Wert für den zeitlichen Jitter und keine PSD veröffentlicht. Auch für andere Lasertypen war es näherungsweise möglich, in einem bestimmten Frequenzband quantenrauschbegrenzte Phasenfluktuationen zu messen. Dies wurde für einen aktiv modengekoppelten Faserlaser [97], für einen stabilisierten Ti:Sa [98], für eine modengekoppelte Laserdiode [99] und für einen 10-GHz-Er-Glas-Laser [100] gezeigt.

Wie bereits erläutert, ist die Verwendung eines internen Lokaloszillators als Referenz problematisch, wenn das Phasenrauschen größer ist als das des zu messenden Lasers. In diesem Fall können die gemessenen PSDs falsch interpretiert werden. Dies ist bei dem verwendeten Radiofrequenz-Spektrumanalysator für Rauschfrequenzen größer als 10 kHz gegeben. Gleichzeitig steigt der relative Fehler stark an, wenn nahe am Grundrauschen gemessen wird (innerhalb von 5 dB über dem Grundrauschen) [92]. Aus diesem Grund wurde eine weitere Methode zur Messung des Phasenrauschens verwendet, um die bisherigen Ergebnisse zu verifizieren. Diese Messmethode wurde von Benkler et al. erstmals gezeigt und basiert auf einem indirekten Phasenvergleich zwischen zwei annähernd gleichen Lasern, bei dem der Einfluss des Lokaloszillators herausgerechnet werden kann [100]. Eine ausführliche Beschreibung findet sich in Ref. [101].
Vorteilhaft gegenüber der „von der Linde“-Methode ist hierbei, dass richtige Werte für das Phasenrauschen auch bei großen Phasenabweichungen (bei $f = 0$) ermittelt werden können, die durch eine langsame Drift der Repetitionsrate bei unstabilisierten, passiv modengekoppelten Lasern entstehen (siehe Kapitel 3.2). Somit sind die erzielten Ergebnisse genauer als die Ergebnisse, die über die Detektion mit einer Fotodiode und einem Spektrumanalysator erzielt werden können. Da diese Messmethode unabhängig von dem Phasenrauschen des LOs ist, kann das Phasenrauschen von dem Amplitudenrauschen separiert werden. Dieses sind die entscheidenden Vorteile gegenüber anderen Methoden wie der elektrischen- [91] oder der optischen-Phasendetektor-Methode, die auf einer optischen Kreuzkorrelation basiert [102]. In dem folgenden Abschnitt wird diese Methode im Detail vorgestellt und die erzielten Ergebnisse diskutiert.

6.1.2 Charakterisierung durch eine indirekte Phasenvergleichsmethode

Im Allgemeinen wird zur Umsetzung dieser Messmethode das Ausgangssignal von zwei nahezu identischen Lasern mit zwei schnellen Fotodioden vermessen. Diese sollten im Idealfall sehr hohe Fotoströme generieren können, um das Detektorrauschen zu minimieren. Beide Signale werden auf je einen Mischer gegeben, an die ein LO angeschlossen ist. Die Frequenz des LOs sollte so eingestellt sein, dass sie einige MHz von den Frequenzen der hohen Harmonischenordnungen der Repetitionsraten beider Laser abweicht. Die kleinere Differenzfrequenz sollte dabei höher sein als die maximale Rauschfrequenz bis zu der die PSD bestimmt werden soll. Nach den Mischern enthält das Signal die Frequenzdifferenz des LOs und der entsprechenden gemessenen Harmonischenordnung der Repetitionsrate sowie Mischprodukte mit höheren Frequenzen, die mit Tiefpassfiltern herausgefiltert werden. Diese Signale werden dann synchron mit einer Samplingkarte aufgenommen und später ausgewertet. Dabei muss die Abtastfrequenz f_S nach dem Nyquist-Theorem mindestens doppelt so groß sein wie die maximal zu messende (gemischte) Frequenz. Die aufgenommenen Signale enthalten zwangsläufig das Phasenrauschen des LOs, das durchaus höher sein kann als das der Laser. Da das Phasenrauschen des LOs aber beide Kanäle gleichzeitig beeinflusst, fällt es bei der Bildung der Phasendifferenz wieder heraus. Das Resultat ist das relative Phasenrauschen beider Laser.

Im Folgenden wird, in Anlehnung an Ref. [101], beschrieben, wie aus den aufgenommenen Daten der Samplingkarte die PSD der relativen Phasenfluktuationen bestimmt werden kann.

Theoretische Beschreibung der Messmethode

Während einer Messung werden in zwei Kanälen insgesamt $N = 2^M$ Punkte aufgenommen. Dies erlaubt die Anwendung von schnellen Fourier-Transformations Algorithmen (FFT). Die Daten werden als erstes mit einer Fensterfunktion multipliziert, die an den Enden auf Null abfällt. Dies kann beispielsweise das Hanning-Fenster sein (W(n)=0,5[1-cos(2 π n /(N-1))]), wobei gilt: $0 \leq n \leq N-1$. Durch die Anwendung von Fensterfunktionen werden Unstetigkeiten am Anfang und am Ende des aufgenommen Signals vermieden, da sonst Artefakte in dem Spektrum auftreten würden. Die Daten werden anschließend normiert. Nach Berechnen der FFT enthalten beide Kanäle einen Peak bei der Frequenzdifferenz zwischen der entsprechenden hohen Harmonischenordnung der Repetitionsrate und der Frequenz des LOs (im Bereich einiger

MHz). Die Seitenbänder tragen die Informationen über Intensitäts- und Phasenrauschen. Im Folgenden wird der Peak auf $f = 0$ geschoben. Durch eine inverse FFT werden nun zwei zeitabhängige komplexe Amplituden (Phasoren) erzeugt, wobei das Betragsquadrat dieser Phasoren die Fluktuationen der Laserleistung enthält. Hierbei ist allerdings zu berücksichtigen, dass die Werte mit der Fensterfunktion multipliziert wurden. Die Intensitätsfluktuationen werden auch durch das Rauschen des verwendeten Lokaloszillators beeinflusst, die aber im Allgemeinen deutlich geringer ausfallen.
Der Phasenanteil weist die Differenz der zeitlichen Phase des Lasers, der Phase des Lokaloszillators und einem linearen Anteil auf, der durch die oben beschriebene Verschiebung der Frequenzen auftritt. Beide Kanäle sind entsprechend durch das Phasenrauschen des Lokaloszillators beeinflusst. Durch eine Differenzbildung der beiden Phasenwerte fällt jedoch der Einfluss des Lokaloszillators heraus. Das Ergebnis ist bis auf einen Anteil, der durch die Verschiebung der beiden Spektren entstanden ist, die relative zeitliche Phase. Diese Phase und die zeitabhängigen Intensitätswerte werden erneut fouriertransformiert und quadriert, um die entsprechenden PSDs zu erhalten.

Es ist zu beachten, dass die kleinste bestimmbare Frequenz der PSD $f_{min} = 1/(N\delta t_{Sampl})$ abhängig von der Anzahl N der Abtastpunkte und der inversen Abtastfrequenz $(1/f_s = \delta t_{Sampl})$ ist. Daher müssen für das Erreichen von f_{min} mindestens:

$$N = 2f_S/f_{min} \tag{6.7}$$

Punkte aufgenommen werden.

Der minimal erreichbare Rauschuntergrund wird durch die elektronische Detektion und das digitale Abtasten der Signale festgelegt. Bei dem Rauschen der elektronischen Detektion handelt es sich vor allem um thermisches Rauschen in elektronischen Bauteilen und Schrotrauschen.
Für den Rauschuntergrund durch thermisches Rauschen, bezogen auf die optische Leistung des Strahls, ergibt sich eine zweiseitige PSD von:

$$S_I(f) = \left(\frac{h\nu}{\eta e}\right) \frac{1}{\bar{P}^2} \frac{2k_B T}{R} = \frac{2k_B T_{Temp}}{\bar{i}^2 R}, \tag{6.8}$$

wobei $h\nu$ die Photonenenergie, η die Quanteneffizienz des Detektors, k_B die

Boltzmannkonstante, T_{Temp} die Temperatur, $\bar{i}$ den zeitlich gemittelten Fotostrom und R den Eingangswiderstand beschreibt. Für die zeitlichen Phasenfluktuationen ergibt sich die gleiche PSD.
Der Einfluss des Schrotrauschens lässt sich durch das relative Intensitätsrauschen mit folgender zweiseitiger spektraler Rauschleistungsdichte darstellen:

$$S_I(f) = \frac{h\nu}{\eta e\bar{P}} = \frac{e}{\bar{i}}, \tag{6.9}$$

wobei e die Elementarladung ist. Auch hier ist die PSD identisch zu der des zeitlichen Phasenrauschens. Hieraus folgt, dass das Schrotrauschen der dominierende Einfluss ist, wenn gilt: $\bar{P} > 2h\nu k_B T/(\eta e^2 R)$. (Für eine im Folgenden bei Raumtemperatur genutzte Fotodiode $(R = 50\,\Omega)(\eta\ \approx 0{,}6)$ dominiert das Schrotrauschen über einer detektierten Leistung von 2 mW, wenn ein Laserpuls bei einer Zentralwellenlänge von 1030 nm gemessen wird.)
Ein anderer dominierender Effekt kann der Rauschuntergrund sein, der durch das digitale Abtasten hervorgerufen wird. Um eine Abschätzung der PSD zu bekommen, wird im Folgenden angenommen, dass die Abtastfehler für einzelne Abtastungen nicht korrelieren. Das Abtasten des Signals erfolgt mit einer Samplingkarte mit n_{bit} Bit, wobei die Spannung zwischen 0 und U_{max} Volt variieren kann. Hieraus folgt eine Abtastauflösung von $\delta U \approx 2^{-n_{bit}} U_{max}$ und ein maximaler Abtastfehler von $\delta U/2$. Für die Varianz folgt: $\sigma_U = \delta U/2\sqrt{3}$. Für ein Sinussignal mit einer maximalen Amplitude von $A \approx U_{max}/2$ und einer zeitlichen Auflösung von δt_{Sampl} ergibt sich nach Ref. [101] folgende PSD, die sich zu gleichen Teilen aus Intensitäts- und Phasenrauschen zusammensetzt:

$$S_U = \frac{(\delta_U)^2}{12} \frac{8}{U_{max}^2} \delta t = \frac{2}{3} 2^{-2n_{bit}} \delta t_{Sampl}. \tag{6.10}$$

Entsprechend kann der Rauschuntergrund durch eine Erhöhung der Abtastrate $f_s = 1/\delta t_{Sampl}$ oder durch Verwendung einer Karte mit einer höheren Bitzahl verringert werden.

Experimentelle Realisierung

Um diese Messmethode anwenden zu können, wurde im Rahmen dieser Arbeit ein zweiter Faserlaser des gleichen Typs aufgebaut (siehe Kapitel 3). Die einzelnen Faserlängen und die Ausgangsparameter variierten lediglich um wenige Prozent. So hatte der zweite Laser eine Repetitionsrate von 33,2 MHz, und die maximale mittlere Ausgangsleistung von 28,2 mW entsprach einer Pulsenergie von 0,85 nJ. Auf eine detaillierte Beschreibung sei an dieser Stelle verzichtet, da die genauen Parameter des Lasers für diese Messung nicht von entscheidender Bedeutung waren. Es ist hervorzuheben, dass auch dieser Laser ohne eine externe Stabilisierung über Wochen sehr stabil lief, und dass sich die gemessenen PSDs des Phasenrauschens der Repetitionsrate nur um wenige Prozent von denen des ersten Lasers unterschieden. Das Setup für diese Messung des Phasenrauschens ist in Abbildung 6.5 dargestellt.

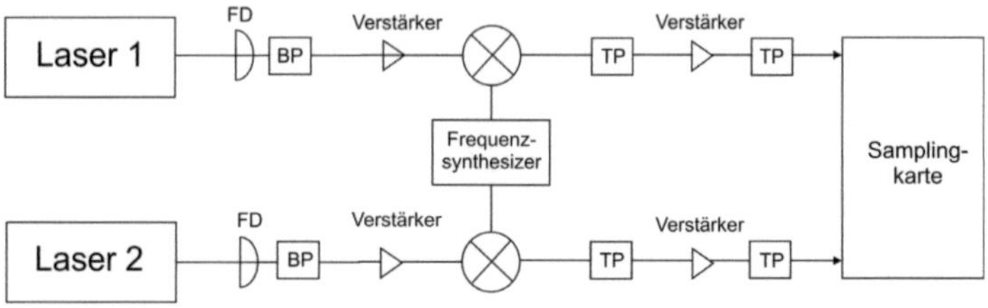

Abbildung 6.5: Aufbau der Messung des indirekten Phasenvergleichs zwischen zwei Lasern. FD: Fotodiode; BP: Bandpassfilter; TP: Tiefpassfilter.

Um einen möglichst hohen Beitrag des Phasenrauschens zu messen, wurde aus dem gleichen Grund wie zuvor die 93. Harmonischenordnung des ersten Lasers bei 3,050 GHz und die 92. Harmonischenordnung des zweiten Lasers bei 3,054 GHz vermessen. Beide Signale wurden dazu jeweils mit Fotodioden (Grenzfrequenzen von 10,2 GHz) detektiert [103]. Um auch hier das Signal-zu-Rauschverhältnis zu verbessern, wurden dieselben Bandpassfilter und Verstärker, wie in Kapitel 6.1.1 beschrieben, eingesetzt. Die verstärkten Signale wurden auf einen Mischer mit einer Frequenzbreite von 750 bis 4200 MHz gegeben und mit dem Signal des LOs (Agilent 8648 D; 9 kHz - 4 GHz ([92]), der auf eine Frequenz von 3,052 GHz eingestellt war, gemischt. Die resultierenden Differenzfrequenzen für beide Laser lagen demnach bei ca. 2 MHz. Diese Signale wurden durch einen 5 MHz Tiefpass gefiltert und anschließend mit Verstärkern mit einer Bandbreite von 0,1 MHz bis 500 MHz um 24 dB verstärkt. Die Rauschzahl der Verstärker betrug 2,9 dB. Die verstärkten Signale wurden mit einer Samplingkarte und einem PC aufgenommen. Die Karte hatte eine Auflösung von $n_{bit} = 12$ Bit und erlaubte die Aufnahme von kontinuierlichen Signalen mit einer Abtastfrequenz von bis zu 20 MHz. Um eine minimale Rauschfrequenz der PSD von 100 Hz zu erreichen, mussten nach Gleichung (6.7) mindestens 400.000 Punkte aufgenommen werden.

Ergebnisse

In Abbildung 6.6 sind die Ergebnisse der Auswertung dargestellt. Deutlich zu erkennen ist, dass die PSDs der Phasenfluktuationen der beiden Laser, die als schwarze und graue Linie eingezeichnet sind, im Bereich von 100 Hz bis 30 kHz oberhalb der PSD der relativen Phasenwerte (grau gestrichelte Linie) lagen. Dieses lag an dem Einfluss des Phasenrauschens des LOs, der in den relativen Werte herausgerechnet war.

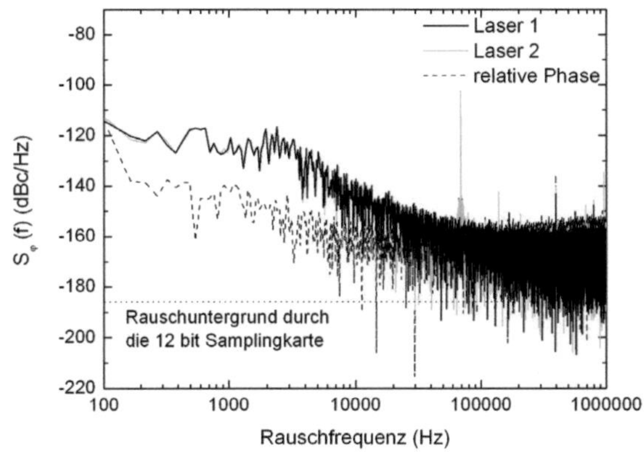

Abbildung 6.6: PSD der berechneten Phasenfluktuationen der Repetitionsrate auf Basis der relativen Phasenvergleichsmethode. Schwarze Kurve: erster Laser; graue Kurve: zweiter Laser; schwarz gestrichelte Kurve: Differenz der Phasenwerte; schwarz gepunktete Kurve: Rauschuntergrund der Samplingkarte (siehe Gleichung (6.10)). Die Spitze bei ca. 70 kHz resultiert aus Aliasing-Effekten.

Die Spitze bei ca. 70 kHz entstand durch Aliasing-Effekte von parasitären Signalen. Die berechnete PSD der relativen Phasenwerte für die fundamentale Repetitionsrate war vergleichbar mit der durch die „von der Linde“-Methode gemessenen. Nur unter der Voraussetzung, dass beide Laser identische Fluktuationen aufweisen würden, wäre eine Angabe des zeitlichen Jitters eines Lasers sinnvoll. Da die Wahrscheinlichkeit dafür aufgrund des starken Einflusses von Nichtlinearitäten auf die Pulsformung sehr gering war, konnte nur der relative zeitliche Jitter angegeben werden. Dieser betrug nach Gleichung (6.6) 120 fs (100 Hz - 10 kHz). (Für exakt gleiches Rauschverhalten würde der zeitliche Jitter eines Lasers 85 fs betragen.)

Der Rauschuntergrund, der durch das Abtasten mit der Samplingkarte entstand, lag bei einer Abtastfrequenz von 20 MHz bei -147 dBc/Hz (siehe Gleichung (6.10)). Wird berücksichtigt, dass die Berechnung der Phasenfluktuationen der Fundamentalen mit der 93. Harmonischen erfolgte, musste entsprechend ein Wert von $n^2 \approx 39$ dB von der PSD der hohen Harmonischen abgezogen werden. Damit würde sich ein Rauschuntergrund von - 186 dBc/Hz ergeben. Da sich dieser bei Variation der Abtastfrequenz nicht veränderte (siehe Gleichung (6.10)), resultierte der gemessene Untergrund bei ≈ -165 dBc/Hz (nach Subtraktion der 39 dB) aus den elektronischen Bauteilen wie dem Mischer.

Insgesamt belegen beide vorgestellten Messungen eindeutig, dass für Rauschfrequenzen größer als 100 Hz das Phasenrauschen des Lasers vollständig durch Quantenprozesse und nicht durch technische Rauscheinflüsse limitiert war.

Amplitudenrauschen

Durch Fourieranalysen der bisher gewonnenen Daten konnte auch das Intensitätsrauschen eines Lasers bestimmt werden. Die entsprechende PSD ist in Abbildung 6.7 gezeigt.

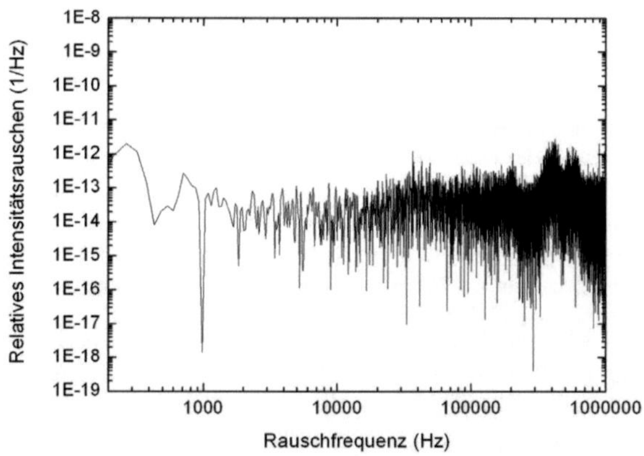

Abbildung 6.7: Relatives Intensitätsrauschen berechnet durch Fourieranalyse der gemessenen Daten mit der Sampling Karte.

Bereits für Rauschfrequenzen über 1 kHz, bezogen auf die Trägerfrequenz, wurde der Rauschuntergrund bei $\approx 2.5 \cdot 10^{-14}$ 1/Hz erreicht. Im Frequenzbereich zwischen 100 Hz und 10 kHz ergab sich ein RMS Wert des relativen Intensitätsrauschens von 0,01 %. Dieses Resultat stellt allerdings nur eine obere Grenze dar, da es durch den Rauschuntergrund des Mischers und der Verstärker limitiert ist. Eine Messung des Intensitätsrauschens nach der „von der Linde"-Methode war nicht möglich, da die Messung vollständig durch den Rauschuntergrund des Lokaloszillators limitiert gewesen wäre. Weitere Experimente bezüglich des Intensitätsrauschens wurden im Rahmen dieser Arbeit nicht durchgeführt, da der Fokus auf den Untersuchungen des Phasenrauschens der Repetitionsrate, einer optischen Linie und der CEO-Frequenz sowie der entsprechenden Zusammenhänge zwischen diesen Größen lag.

6.2 Phasenrauschen einer optischen Linie

Die Kenntnis des Phasenrauschens der Repetitionsrate und des dazugehörigen zeitlichen Jitters ist für viele Anwendungen wie beispielsweise das optische Abtasten und die optische Datenübertragung nützlich. Um diese Laser aber auch in der optischen Frequenzmetrologie einsetzen zu können, ist die Kenntnis von weiteren Parametern sehr wichtig. Hierzu zählen das Phasenrauschen einer Linie innerhalb des optischen Spektrums und die genaue Kenntnis über das Phasenrauschen der CEO-Frequenz. In diesem Abschnitt wird eine Messung des Phasenrauschens einer Linie innerhalb des Spektrums beschrieben. Die Messungen bezüglich des Phasenrauschens der CEO-Frequenz werden in Kapitel 7.2 diskutiert.

Experimentelle Realisierung

Die Grundlage des Messaufbaus bildete wieder das in Kapitel 3.5 vorgestellte System aus Laser, Verstärker und Kompressor. Der komplette Aufbau ist in Abbildung 6.8 dargestellt.
Um das Phasenrauschen einer optischen Linie messen zu können, wird ein Schwebungssignal zwischen einem sehr stabilen longitudinal einfrequenten Laser und der nächstliegenden longitudinalen Mode des Faserlasers gemessen. Der einfrequente Laser war in diesem Fall ein nicht planarer Nd:YAG Ringoszillator (NPRO) mit einer Emissionswellenlänge von 1064 nm und einer spektralen Linienbreite von $\approx$ 1 kHz bei einer Messzeit von 100 ms [104]. Da der Faserlaser nicht bei einer Wellenlänge von 1064 nm emittierte, musste das Spektrum durch nichtlineare Prozesse verbreitert werden. Hierfür wurden die Pulse nach dem Kompressor in eine SMF eingekoppelt, in der das Spektrum über SPM in den Wellenlängenbereich um 1064 nm verbreitert wurde. Der entsprechende

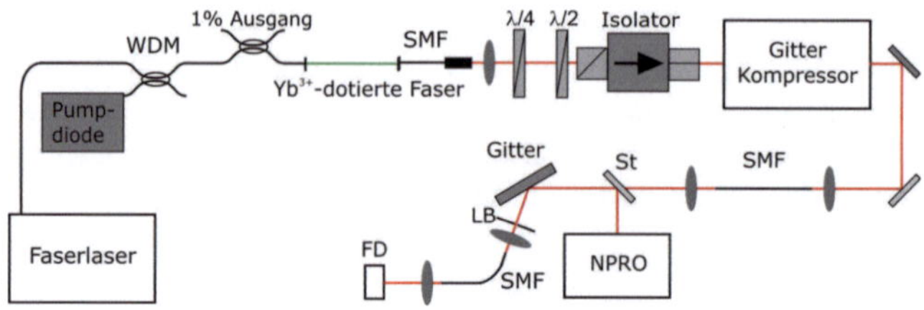

Abbildung 6.8: Aufbau zur Messung des Phasenrauschens einer optischen Linie durch eine Heterodynmessung zwischen dem spektral verbreiterten Faserlaser und einem stabilen einfrequenten Laser (NPRO). SMF: Single-Mode-Faser; ST: Strahlteiler; LB: Lochblende; FD: Fotodiode.

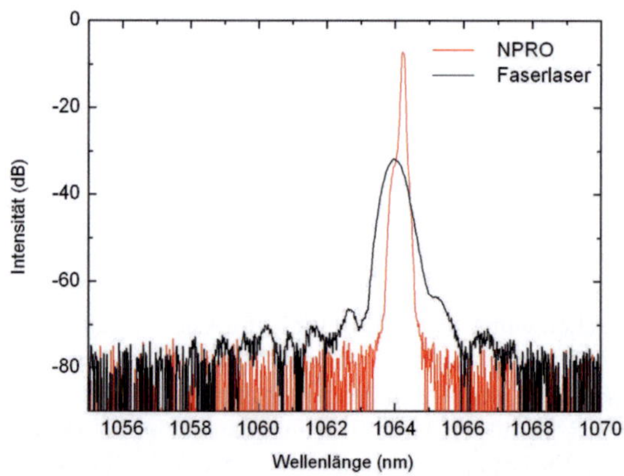

Abbildung 6.9: Spektren des Faserlasers (schwarze Kurve) und des NPROs (rote Kurve) nach der spektralen Aufspaltung an einem Gitter.

Teil des verbreiterten Spektrums ist zusammen mit dem Spektrum des NPROs in Abbildung 6.9 dargestellt.
Das Signal des NPROs und das des spektral verbreiterten Faserlasers wurden an einem polarisationsunabhängigen Strahlteiler überlagert und anschließend über ein Reflexionsgitter spektral aufgespalten, um nur den Spektralanteil bei 1064 nm zu detektieren, wodurch sich das Signal-zu-Rauschverhältnis deutlich verbesserte. Beide Strahlen wurden nach der Aufspaltung in eine Single-Mode-Faser eingekoppelt, um den räumlichen Überlapp beider Strahlen zu gewährleisten. Das Schwebungssignal wurde mit einer Avalanche-Fotodiode detektiert und mit der Samplingkarte aufgenommen. Um das Signal optimal abzutasten, wurde die maximale Abtastfrequenz von 20 MHz gewählt. Auch in diesem Fall wurden wieder mindestens $4 \cdot 10^5$ Messpunkte aufgenommen, um die PSD ab einer Rauschfrequenz von 100 Hz berechnen zu können (siehe Gleichung (6.7)). Die aufgenommenen Daten wurden danach, analog zu der in Kapitel 6.1.2 vorgestellten Methode, numerisch am PC ausgewertet. Die resultierende PSD entspricht den relativen Phasenwerten zwischen dem Nd:YAG Laser und der nächstliegenden longitudinalen Mode aus dem spektral verbreiterten Spektrum des Faserlasers. Die Ergebnisse sind in Abbildung 6.10 dargestellt.
Zusätzlich zu dem gemessenen Phasenrauschen der optischen Linie ist ein theoretisches Spektrum einer Lorentzkurve mit einer Linienbreite von 10 kHz eingezeichnet. Daran ist zu erkennen, dass die Linienbreite (bei einer Wellenlänge von 1064 nm) für Rauschfrequenzen oberhalb von 500 Hz unterhalb von 10 kHz lag. Wie zu erwarten war, nahm die Linienbreite mit längerer Beobachtungszeit zu und lag dann entsprechend oberhalb von 10 kHz.
Zum Vergleich ist in Abbildung 6.10 auch die PSD der Schalow-Townes-Linienbreite ($S_{\varphi,ST,opt,1030}$) eingetragen, die nach Gleichung (5.29) berechnet wurde. Die fundamentale Linienbreite bei einer Wellenlänge von 1030 nm entsprach nach Gleichung (5.28) lediglich 1,2 mHz. Für die Berechnung wurden die in Tabelle 6.1 aufgeführten Werte verwendet.
Nach Kapitel 5.4.1 war die Schalow-Townes-Linienbreite aufgrund des großen Einflusses des Kerr-Effektes nicht erreichbar, da dieser Effekt zu einer Kopplung von Amplituden- und Phasenrauschen führte, auch wenn das Intensitätsrauschen schrotrauschbegrenzt wäre. Unter Berücksichtigung des Kerreffektes ergab sich (nach Gleichung (5.34)) die eingezeichnete Kurve für $S_{\varphi_{nl},opt,1030}$. (Die Linienbreite stieg entsprechend auf 0,12 Hz.) Hierbei wurde eine nichtlineare Phasenverschiebung in einem Resonatorumlauf von 2π angenommen (siehe Kapitel 2.2). Dieser Wert entspricht den typischen Werten eines solchen Faserlasers. Da das Emissionsspektrum des Faserlasers in einer externen SMF auf eine Wellenlänge von 1064 nm verbreitert wurde, war es schwer abzuschätzen, wie hoch die resultierende PSD aufgrund der SPM sein würde. Daher diente

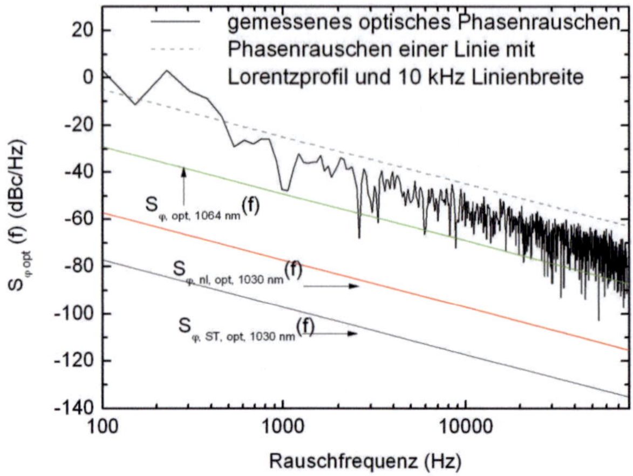

Abbildung 6.10: PSD der Phasenfluktuationen des Schwebungssignals (schwarze Kurve) verglichen mit einem theoretischen Spektrum für eine Lorentzlinie mit einer Linienbreite von 10 kHz (schwarz gestrichelte Kurve). Zusätzlich eingetragen sind die PSDs der Schalow-Townes-Linienbreite bei einer Wellenlänge von 1030 nm ($S_{\varphi,ST,opt,1030}$), die entsprechende PSD unter Berücksichtigung des Kerreffektes ($S_{\varphi,nl,opt,1030}$) und die berechnete PSD in dem spektralen Flügel bei einer Wellenlänge von 1064 nm eines entsprechenden Emissionsspektrums ($S_{\varphi,opt,1064}$).

Parameter	Werte
Θ	3
ν	291 THz
h	$6{,}626\cdot 10^{-34} Js$
E_P	1 nJ
l_{ges}	0,8
T_{rt}	30,5 ns
φ_{nl}	2π

Tabelle 6.1: Parameter für die Berechnung der Schalow-Townes-Linienbreite im Zentralteil des optischen Pulses (Gleichung (5.29)).

die gemessene Linienbreite (ca. 3 kHz für Rauschfrequenzen über 1 kHz (vgl. Abb. 6.10)) lediglich als obere Abschätzung für die Linienbreiten bei 1030 nm. Als Vergleich ist weiterhin die PSD der Phasenfluktuationen für eine optische Linie bei 1064 nm eingezeichnet, die nach Gleichung (5.32) berechnet wurde. Voraussetzung hierfür wäre, dass das Emissionsspektrum des Lasers auch den Wellenlängenbereich um 1064 nm abdeckte. (Hierbei ist der Einfluss des Kerreffektes nicht berücksichtigt.) Dies soll lediglich den starken Zuwachs des Phasenrauschens für Linien abseits der Zentralwellenlänge eines passiv modengekoppelten Lasers verdeutlichen.

7 Charakterisierung der CEO-Frequenz

Nachdem in Kapitel 6 die Messungen des Phasenrauschens der Repetitionsrate und des Phasenrauschens einer Linie in der Nähe des emittierten optischen Spektrums des Lasers vorgestellt wurden, werden in diesem Kapitel die Untersuchungen der Rauscheigenschaften der CEO-Frequenz beschrieben. Zusammen mit der Repetitionsrate stellt diese Größe den zweiten entscheidenden Parameter für einen optischen Frequenzkamm dar. Beide Größen sind über das Gummibandmodell eng miteinander verbunden [105]. Dieses Modell wird im Folgenden kurz erläutert.

7.1 Das Gummibandmodell

Das Gummibandmodell wurde ursprünglich als Anschauungsmodell eingeführt, um die Wirkung von verschiedenen Parametern wie Pumpleistungsänderungen auf einen optischen Frequenzkamm im Frequenzraum zu veranschaulichen. Weiterhin lässt sich die Wirkung von Rückkoppelschleifen zur Stabilisierung durch das Gummibandmodell veranschaulichen. Die zugrunde liegende Idee ist einfach zu verstehen. Auf einem Gummiband sind äquidistante Linien aufgetragen, die den Frequenzkamm in der Frequenzdomäne repräsentieren. Das Verändern von bestimmten Parametern wie Pumpleistung oder kleine Resonatorlängenänderungen bewirkt, dass der Kamm (das Gummiband) um einen Fixpunkt (ν_{Fix}) gestreckt oder gestaucht wird.
Prinzipiell gibt es zwei grundlegende Arten von Fluktuationen, die zu unterscheiden sind. Die erste Art beschreibt Fluktuationen der Gruppen- und Phasenverzögerung innerhalb eines Laserresonators, wobei das Verhältnis der beiden Größen konstant bleibt. Dies führt dazu, dass sowohl die Repetitionsrate als auch die optische Frequenz variiert. Entsprechend liegt der Fixpunkt bei einer Frequenz von Null. Dies ist schematisch in Abbildung 7.1 (a) dargestellt. Die zweite Art der Fluktuationen basiert auf Veränderungen zwischen der Gruppen- und der Phasenverzögerung, wobei die Phasenverzögerung konstant bleibt. Hieraus resultierend, fluktuiert nur die Repetitionsrate, während die optische Frequenz sich nicht ändert. In diesem Fall liegt der Fixpunkt innerhalb des optischen Spektrums. Dies ist anschaulich in Abbildung 7.1 (b) skizziert.

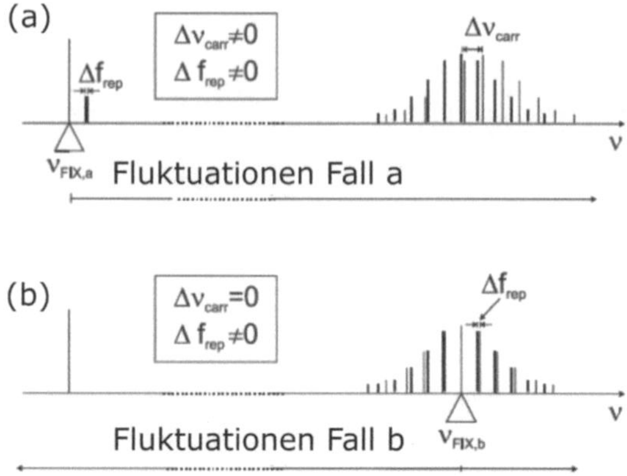

Abbildung 7.1: Schematische Darstellung von verschiedenen Arten der Fluktuationen des Gummibandes [106]. (a) Fluktuationen der Gruppen- und Phasenverzögerung, wobei das Verhältnis zwischen den beiden Größen konstant bleibt. Der Fixpunkt liegt bei $\nu_{Fix} = 0$, wodurch sowohl die Repetitionsrate als auch die optische Frequenz fluktuieren. (b) Fluktuationen der Gruppen- und Phasenverzögerung, wobei die Phasenverzögerung konstant bleibt. Der Fixpunkt liegt innerhalb des optischen Spektrums, wodurch die optische Frequenz konstant bleibt und die Repetitionsrate fluktuiert.

Durch eine Linearkombination dieser beiden Fälle lässt sich jede Fluktuation innerhalb eines Lasers beschreiben, wodurch sich auch unterschiedliche Fixpunkte ergeben [106]. Es wurde gezeigt, dass bei Veränderungen der Resonatorlänge durch einen Piezospiegel oder einen Faserstrecker der Fixpunkt nahe einer Frequenz von Null liegt [105, 106]. Hierdurch eignen sich diese Kontrollmechanismen sehr gut zur Stabilisierung der optischen Frequenz. Die CEO-Frequenz, die nach Definition eine Frequenz nahe Null ist, wird entsprechend des Fixpunktes nicht oder nur sehr gering beeinflusst. Weiterhin konnte demonstriert werden, dass Pumpleistungsvariationen einen Fixpunkt innerhalb des optischen Spektrums besitzen, wodurch sie ideal zur Stabilisierung der Repetitionsrate oder der CEO-Frequenz geeignet sind [106, 107]. Ein Kontrollmechanismus durch den nur eine Größe wie beispielsweise die CEO-Frequenz beeinflusst wird, während alle anderen Parameter konstant bleiben, wird als orthogonal bezeichnet [106]. Dies entspricht der optimalen Situation für eine

Stabilisierung des jeweiligen Frequenzkammparameters.
Auf eine detaillierte Untersuchung der einzelnen Einflüsse von Pumpleistungsvariationen und Resonatorlängenänderungen hinsichtlich der Fixpunkte und der Eignung dieser Kontrollmechanismen für eine Stabilisierung dieses Lasers bzw. für diese Pulsform wurde in dieser Arbeit verzichtet. Für eine Stabilisierung standen weder die technischen Möglichkeiten noch eine entsprechende Referenzfrequenz zur Verfügung. Es ist zu erwähnen, dass es durch das Transferoszillator-Konzept [105] möglich ist, auf eine externe Stabilisierung zu verzichten, wenn die Phasen der Repetitionsrate, der CEO-Frequenz und die Phase eines Schwebungssignals zwischen dem Frequenzkamm und einer zu messenden Frequenzlinie simultan detektiert werden. Unter diesen Umständen und der Annahme, dass sich alle Fluktuationen über das Gummiband beschreiben lassen, können alle Korrelationen aus den gemessenen Daten bestimmt werden und so die Rauscheinflüsse herausgerechnet werden. Vorteilhaft dabei ist, dass hierfür keine Referenzfrequenz und keine Rückkoppelschleifen benötigt werden. Es hat sich gezeigt, dass das Konzept des Gummibandmodells ebenfalls sehr gut geeignet ist, um Rauschprozesse innerhalb eines Lasers zu beschreiben [86, 107]. Dies ist am Beispiel des optischen Phasenrauschens unter dem Einfluss von Quantenfluktuationen (siehe Abb. 7.2 (a)) und Resonatorlängenfluktuationen (siehe Abb. 7.2 (b)) skizziert.

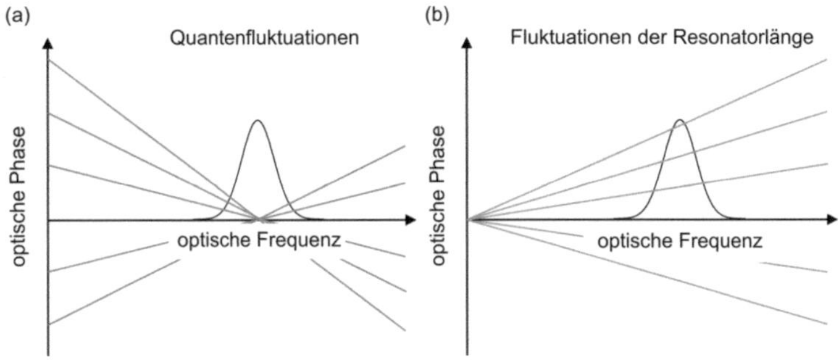

Abbildung 7.2: Entwicklung des optischen Phasenrauschens unter dem Einfluss von (a) Quantenfluktuationen und (b) Resonatorlängenfluktuationen [86].

Es ist zu erkennen, dass Quantenrauschen (hervorgerufen durch spontane Emission im Verstärkermedium) zu einem Fixpunkt innerhalb des optischen Spektrums führt, wodurch die Fluktuationen der optischen Phase innerhalb des Spektrums Null sind und zu niedrigen und hohen Frequenzen deutlich ansteigen. Dies gilt nur für Pulse, die viele optische Zyklen aufweisen und nicht für

sehr kurze Pulse [86] und wurde bereits in Kapitel 5.4.1 mathematisch gezeigt. Der Fixpunkt für Fluktuationen der Resonatorlänge liegt im Frequenzursprung. Entsprechend sind hier die Phasenfluktuationen im Frequenzursprung gleich Null und steigen zu hohen Frequenzen an.
Durch dieses Modell ist es möglich, anhand der PSDs des Phasenrauschens einer optischen Linie und der Repetitionsrate Aussagen über das Phasenrauschen und die entsprechende Linienbreite der CEO-Frequenz zu treffen. Dies wird in dem folgenden Abschnitt diskutiert.

7.2 Charakterisierung der CEO-Frequenz

Wenn der zeitliche Jitter aus Fluktuationen der Resonatorlänge resultieren würde (Fixpunkt bei Null), müsste die PSD des optischen Phasenrauschens um einen Faktor $(\nu_{opt}/f_{Rep})^2 \approx 140\,\mathrm{dB}$ höher sein als die PSD der Phasenfluktuationen der Repetitionsrate. Der Vergleich der beiden gemessenen PSDs (Abb. 6.4 und Abb. 6.10) zeigte allerdings, dass der Unterschied deutlich geringer ausfiel ($\approx 120\,\mathrm{dB}$). Die Konsequenz daraus war, dass Quantenfluktuationen für diesen Effekt verantwortlich waren, und dass der Fixpunkt der Phasenfluktuationen, wie in Abbildung 7.2 (a) dargestellt, in der Mitte des optischen Spektrums lag. (Ein ähnliches Verhalten wurde bereits für einfachere Lasersysteme gezeigt [86].)
Nach dem Gummibandmodell konnte das gemessene optische Phasenrauschen auf eine Frequenz von Null extrapoliert werden, wodurch das Phasenrauschen der CEO-Frequenz deutlich höher liegen musste. Die PSD der CEO-Phasenfluktuationen war daher um den oben erwähnten Faktor $(\nu_{opt}/f_{Rep})^2(\approx 140\,\mathrm{dB})$ höher als die PSD der Phasenfluktuationen der Repetitionsrate (oder 20 dB höher als die PSD der gemessenen Phasenfluktuationen der Linie des verbreiterten optischen Spektrums (siehe Abb. 6.10)). Aus dieser Abschätzung ergab sich eine Linienbreite der CEO-Frequenz nach Gleichung (5.28) von $\approx 3\,\mathrm{MHz}$.

Um diese Aussage zu verifizieren, wurde das CEO-Signal mit dem in Kapitel 4.3 beschriebenen f-2f-Interferometer gemessen. Das gemessene Schwebungssignal ist in Abbildung 7.3 dargestellt. Es zeigte sich, dass die gemessene Linienbreite von 3,3 MHz sehr gut mit der Abschätzung über das Gummibandmodell übereinstimmte. Hierdurch konnte erstmals gezeigt werden, dass sowohl das Phasenrauschen der Repetitionsrate als auch die resultierende CEO-Frequenz-Linienbreite durch Quanteneinflüsse limitiert sein können. Ein entscheidendes Problem bei dieser Messung war das geringe Signal-zu-Rauschverhältnis des CEO-Signals von maximal 10 dB. Da dieses Signal schrotrauschbegrenzt war, konnte das Signal-zu-Rauschverhältnis auch durch die Verwendung von weiteren elektrischen Verstärkern und die Nutzung von Tiefpassfiltern nicht weiter erhöht werden.

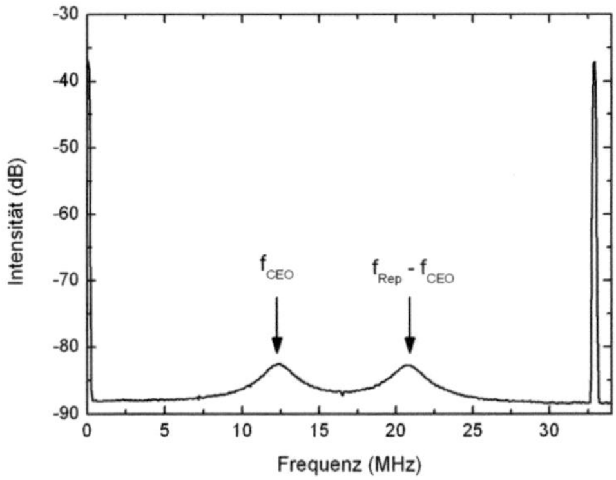

Abbildung 7.3: Gemessene CEO-Frequenz bei 12,4 MHz (100 kHz Auflösung). Die Frequenz bei 20,4 MHz entsprach der Differenz der Repetitionsrate (32,8 MHz) und der CEO-Frequenz.

Deshalb war es nicht möglich, das Signal mit der Samplingkarte aufzunehmen und so das Phasenrauschen der CEO-Frequenz zu bestimmen, da dazu mindestens ein Signal-zu-Rauschverhältnis von ca. 30 dB nötig gewesen wäre (bei einer Auflösung von 100 kHz) [108].
Das optimale Signal-zu-Rauschverhältnis ließ sich nur für eine exakte Längenabstimmung der beiden Interferometerarme, oder genauer gesagt, der einzelnen Spektralkomponenten um 515 nm, erhalten. Um die Abhängigkeit des Signal-zu-Rauschverhältnisses der CEO-Frequenz von der zeitlichen Verzögerung zwischen beiden Pulsen in den jeweiligen Interferometerarmen zu verdeutlichen, ist in Abbildung 7.4 eine entsprechende Messung dargestellt. Bereits eine zeitliche Verzögerung von 100 fs führte zu einer Reduktion der Signalintensität um 5 dB. Dies entsprach einem Wegstreckenunterschied von ca. 15 µm in dem f-2f-Interferometer.
Der Laser wies trotz des Verzichts auf eine Temperatur- oder Längenstabilisierung eine sehr hohe Stabilität auf. (Es ist zu erwähnen, dass weder der optische Verstärker noch das CEO-Interferometer gegen äußere Einflüsse wie akustische oder thermische Schwankungen isoliert waren.) In Abbildung 7.5

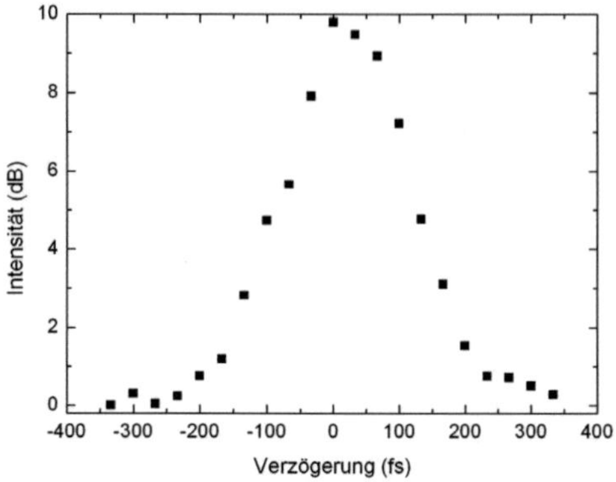

Abbildung 7.4: Gemessene Intensität des CEO-Signals in Abhängigkeit von der zeitlichen Verzögerung zwischen beiden Pulsen in den jeweiligen Interferometerarmen.

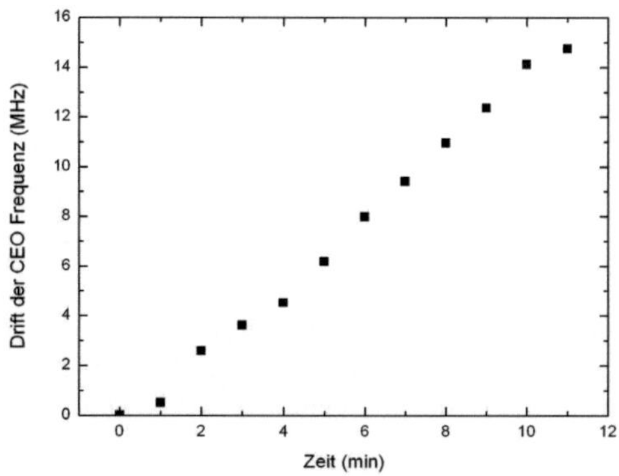

Abbildung 7.5: Drift der CEO-Frequenz des freilaufenden Lasers über 11 Minuten in einem thermischen Gleichgewicht.

ist eine Messung der CEO-Frequenz des freilaufenden Lasers über 11 Minuten dargestellt.
Dabei befand sich der Laser in einem thermischen Gleichgewicht. Die CEO-Frequenz veränderte sich dabei nur um ca. 730 kHz pro Minute. (Im Vergleich dazu, können bei nicht längenstabilisierten Ti:Sa Lasern Fluktuationen von einigen MHz pro Minute auftreten [109].) Bei Anschalten des Faserlasers oder Verändern der Pumpleistung ergaben sich wesentlich höhere Driftgeschwindigkeit im Bereich von MHz pro Sekunde. Der Verlauf der gemessenen Kurve veränderte sich in Abhängigkeit der Temperatur und der Pumpleistung.
Für eine Messung der CEO-Phasenfluktuationen wäre eine Reduzierung der Linienbreite erforderlich, um das Signal-zu-Rauschverhältnis zu erhöhen. In Ref. [110] konnte gezeigt werden, dass eine Erhöhung des Pumpstroms der Pumpdiode zu einer Reduzierung der CEO-Frequenz-Linienbreite führen kann. Eine Erhöhung des Pumpstroms führt dabei zu einem reduzierten (weißen) Amplitudenrauschen der Pumpdiode, wodurch die Fluktuation des Frequenzkamms um den Fixpunkt der Pumpleistungsvariationen (innerhalb des optischen Spektrums) abnahmen. So war es möglich, das Frequenzrauschen der CEO-Frequenz eines Lasers um 12 dB zu reduzieren, wodurch sich entsprechend die Linienbreite verringerte [110]. Dieser Ansatz wurde im Rahmen dieser Arbeit ebenfalls untersucht, um die CEO-Linienbreiten zu reduzieren. Dafür wurde die Leistung der Pumpdiode erhöht, während die in den Ringresonator eingekoppelte Pumpleistung über einen Abschwächer konstant gehalten wurde.
Die gemessenen CEO-Frequenz-Linienbreiten in Abhängigkeit von dem Pumpstrom der Pumpdiode sind in Abbildung 7.6 dargestellt.
Die gemessenen Linienbreiten lagen mit einer Ausnahme zwischen 4 MHz und 4,2 MHz. (Damit lagen sie über der bisher gemessenen Linienbreite von 3,3 MHz. Dieser Effekt wird in dem nächsten Abschnitt diskutiert.) Die Linienbreite von 3,4 MHz, die bei einem Pumpstrom von 825 mA detektiert wurde, war möglicherweise auf eine leichte Änderung des Laserzustandes an diesem Operationspunkt zurückzuführen, da bereits kleine Änderungen der eingekoppelten Pumpleistung ausreichten, um den Laserzustand zu verändern. Basierend auf der Pulsformung durch starke nichtlineare Einflüsse, wirkten sich diese Änderungen bereits auf die Pulsdauer, Pulsenergie und das Spektrum aus. Prinzipiell sollte sich die CEO-Frequenz-Linienbreite dabei nicht ändern. Die Abweichungen der Linienbreiten werden in dem nächsten Abschnitt ausführlich diskutiert.

Insgesamt war allerdings bei diesen Experimenten keine Reduktion der Linienbreite der CEO-Frequenz unter 3,3 MHz zu beobachten. Dies lag an den

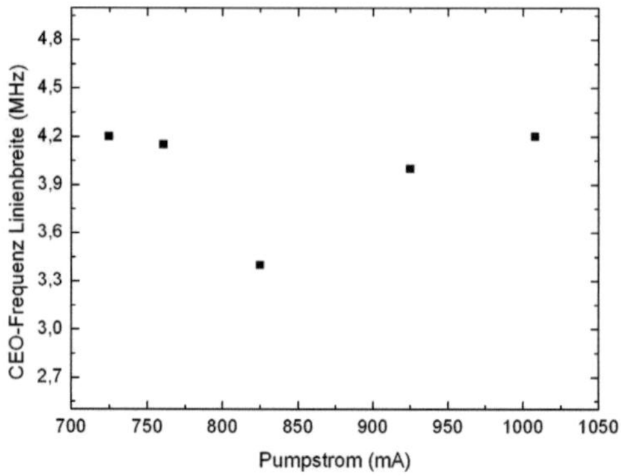

Abbildung 7.6: Abhängigkeit der CEO-Frequenz-Linienbreite von dem Pumpstrom der Pumpdiode. Die Pumpleistung für den Laser wurde durch einen Abschwächer konstant gehalten.

hohen Einflüssen des Quantenrauschens, die stärker waren als der Einfluss der durch das Amplitudenrauschen der Pumpdiode entstand. Dass der Einfluss des Quantenrauschens dominierte, wurde bereits in Kapitel 6.1.1 diskutiert.

7.3 Weitere Einflüsse auf die CEO-Frequenz-Linienbreite

Im Verlauf dieser Arbeit zeigte sich, dass verschiedene modengekoppelte Zustände des Lasers zu teilweise deutlich unterschiedlichen CEO-Frequenz-Linienbreiten führten. Dieses war so nicht zu erwarten, da sich das Verhältnis zwischen Gruppen- und Phasengeschwindigkeit in dem Laser nicht so stark ändern sollte (siehe Gleichung (2.13)).
Um diesen Effekt genauer zu untersuchen, wurden mit Hilfe der Polarisationssteller verschiedene modengekoppelte Zustände bei einem festen Pumpstrom eingestellt. Für den jeweiligen Zustand wurden dann die optischen Spektren, die Autokorrelationsfunktionen der komprimierten Pulse, das Phasenrauschen der Repetitionsrate und das optische Phasenrauschen gemessen. Die im Folgenden dargestellten Ergebnisse repräsentieren lediglich eine Auswahl der vermessenen Zustände, da eine Darstellung aller Messungen zu unübersichtlich wäre.
In Abbildung 7.7 sind vier gemessene CEO-Frequenz-Linienbreiten von ver-

schiedenen modengekoppelten Zuständen dargestellt. Die Linienbreiten variierten hierbei von 3,6 MHz (Zustand 1) über 4 MHz (Zustand 2) bis zu 6,4 MHz (Zustand 3) und über 8 MHz (Zustand 4). Die zugehörigen optischen Spektren an dem Laserausgang sind in Abbildung 7.8 gezeigt. Diese wiesen spektrale Halbwertsbreiten von 14,6 nm, 14,2 nm, 14,3 nm und 13,6 nm auf (Zustand 1 - 4). Anhand dieser Daten war kein signifikanter Trend zu beobachten, der eine Ableitung der CEO-Frequenz-Linienbreite von der spektralen Breite oder Form zuließ.

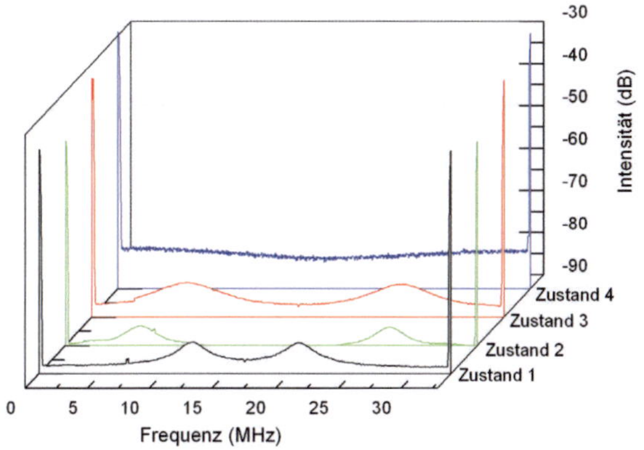

Abbildung 7.7: Darstellung von vier verschiedenen CEO-Frequenz-Linienbreiten für jeweils unterschiedliche modengekoppelte Zustände bei gleicher Pumpleistung. Diese wurden durch Verändern des Polarisationszustandes in dem Laser herbeigeführt.

Ein möglicher Grund für die höhere Linienbreite mancher Zustände könnte allerdings eine Verschiebung des Fixpunktes der Phasenfluktuationen gewesen sein, wodurch sich sowohl das Phasenrauschen der Repetitionsrate als auch das der optischen Linie verändern müsste. Damit verbunden wäre zwangsläufig eine andere CEO-Frequenz-Linienbreite, die sich über das Gummibandmodell ergeben würde. (Eine Beschreibung der Fluktuationen durch das Gummibandmodell sei an dieser Stelle vorausgesetzt, da bislang keine Gründe für eine Abweichung gefunden werden konnten. Eine eventuelle Abweichung wurde für Faserlaser experimentell untersucht und konnte innerhalb der Messgenauigkeit nicht festgestellt werden [111].) Daher wurden alle drei Parameter untersucht. Die Messungen des Phasenrauschens der Repetitionsrate (nach der „von der Linde“-Methode) und der optischen Phasenfluktuationen bei 1064 nm sind in

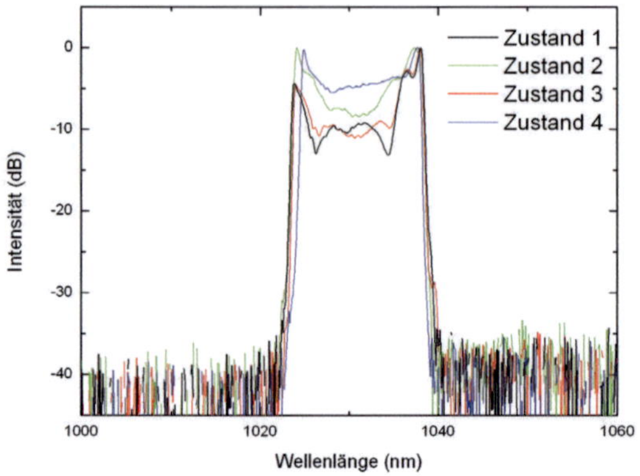

Abbildung 7.8: Gemessene optische Spektren zu den vier verschiedenen gemessenen CEO-Frequenz-Linienbreiten. Die Zustände entsprechen denen in Abb. 7.7.

Abbildung 7.9 (a) und (b) dargestellt. Der Rauschuntergrund für die erste Messung ergab sich, wie in Kapitel 6.1.1 beschrieben, durch das Phasenrauschen des LOs des Spektrumanalysators.

Anhand dieser Messungen war es ebenfalls nicht möglich, signifikante Abweichungen für das Phasenrauschen der Repetitionsrate oder für das Phasenrauschen in einer Linie bei einer Wellenlänge von 1064 nm festzustellen. Leichte Änderungen, vor allem für niedrige Rauschfrequenzen, waren auf technische Rauscheinflüsse zurückzuführen und erklärten nicht die teilweise sehr starke Zunahme der CEO-Frequenz-Linienbreiten. Da an dem Lasersystem für die Messungen keinerlei Änderungen vorgenommen wurden, war weiterhin unklar, woraus der erhöhte Unterschied zwischen der Gruppen- und der Phasengeschwindigkeit resultieren könnte, der zu einer sich ändernden CEO-Frequenz-Linienbreite führte. Eine Verschiebung des Fixpunktes konnte aber nahezu ausgeschlossen werden.

Die einzige Ursache, die für die Erhöhung des Phasenrauschens der CEO-Frequenz und der entsprechenden Linienbreite in Frage kam, waren weiße Frequenzfluktuationen, die nach Gleichung (5.8) einem $1/f^2$-Phasenrauschen entsprechen, wodurch die Linienbreite ansteigen würde. Um diese zu erzeugen, reichte aber eine Kopplung von Intensitätsfluktuationen auf Phasenfluktuationen über den Kerreffekt nicht aus, da weißes Phasenrauschen lediglich das

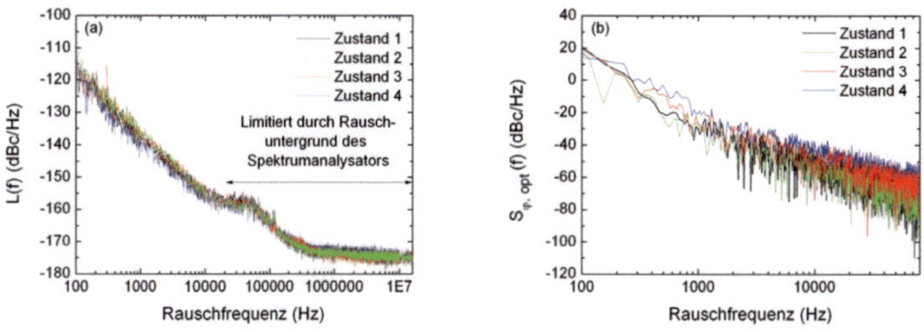

Abbildung 7.9: Gemessenes (a) Phasenrauschen der Repetitionsrate nach der „von der Linde"-Methode und (b) der optischen Phasenfluktuationen einer Wellenlänge von 1064 nm für die vier modengekoppelten Zustände (siehe Abb.7.7).

Signal-zu-Rauschverhältnis reduzieren würde [107]. Da bei den Rauschparametern des Lasers keine Änderungen gemessen werden konnten, musste dieser Effekt aus einer externen Quelle resultieren.
Als externe Quelle kam neben dem Faserverstärker nur die PCF in Frage. Der Faserverstärker konnte vollständig ausgeschlossen werden, da die langen zu verstärkenden Pulse des Oszillators zu einer deutlichen Reduktion der Kopplung von Amplituden- und Phasenrauschen führten [109]. Ebenfalls führte spontane Emission des Verstärkers nur zu einem weißen Phasenrauschen. Weiterhin waren die PSDs des Phasenrauschens der Repetitionsrate identisch mit den Messungen in Abbildung 7.9 (a). Mögliche Längenänderungen der PCF, da diese nicht temperaturstabilisiert war, würden ebenfalls lediglich zu zusätzlichem weißen Phasenrauschen und nicht zu weißem Frequenzrauschen führen.

Für die PCF galt die gleiche Überlegung bezüglich der Längenänderungen. Die nichtlinearen Effekte in der PCF konnten als Ursache ausgeschlossen werden, da zwar Kopplungen von Amplituden- auf Phasenrauschen auftreten würden, diese aber erneut nur zu einer Reduktion des Signal-zu-Rauschverhältnisses führen würden [112].
Um eventuelle Nachpulse nachweisen zu können, die bei der Superkontinuumerzeugung eine entscheidende Rolle spielen könnten, wurden die Autokorrelationsfunktionen der komprimierten Pulse aller Zustände vor der PCF gemessen. Das Ergebnis ist in Abbildung 7.10 dargestellt. Die gemessenen Autokorrelationsdauern betrugen 274 fs, 301 fs, 279 fs und 317 fs (Zustand 1 - 4), wobei die einzelnen Pulse unterschiedliche Strukturen aufwiesen. Allerdings ließ sich

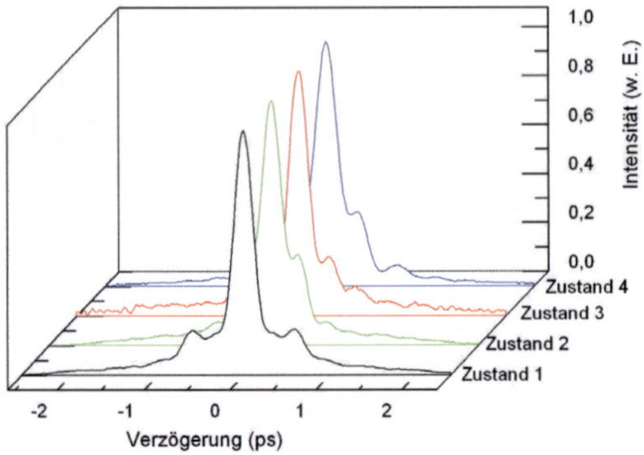

Abbildung 7.10: Gemessene Autokorrelationsfunktionen für optimal komprimierte Pulse zu den gemessenen CEO-Frequenz-Linienbreiten (siehe Abb. 7.7).

auch anhand der gemessenen Autokorrelationsfunktionen keine Tendenz in der Auswirkung auf die CEO-Frequenz-Linienbreite feststellen.
Als Konsequenz aus dieser Diskussion ergab sich als Verbreiterungsmechanismus nur noch die durch den Solitonenzerfall hervorgerufene sehr komplexe Pulsstruktur in der PCF (siehe Abb. 4.5), die vor allem abhängig von der Struktur des Eingangspulses war. Durch die hohen nichtlinearen Beiträge in der PCF entstanden durch den Solitonenzerfall veränderte zeitliche und spektrale Pulsstrukturen. Hierbei konnten deutliche (weiße) Amplitudenfluktuationen der fundamentalen Solitonen (von Puls zu Puls) auftreten, die abhängig von dem Amplitudenrauschen der Eingangspulse und deren Struktur waren. Über den Raman-Effekt und die Dispersion der PCF könnten diese in weißes Frequenzrauschen konvertiert werden. Eine endgültige Aussage über dieses Phänomen konnte jedoch nicht getroffen werden, auch wenn der wahrscheinlichste Grund für das weiße Amplitudenrauschen gefunden wurde.

Insgesamt konnte in diesem Kapitel gezeigt werden, dass sich über das Gummibandmodell sehr hohe CEO-Frequenz-Linienbreiten im MHz-Bereich ergeben müssen, wenn in dem Laser die Rauschprozesse durch Quanteneinflüsse dominiert werden. Weiterhin wurde diskutiert, wie Effekte während der Superkontinuumerzeugung die CEO-Frequenz-Linienbreite deutlich erhöhen könnten.

8 Diskussion

In diesem Kapitel werden die gewonnenen Erkenntnisse dieser Arbeit genutzt, um allgemeine Aussagen über die Rauscheigenschaften von Lasern zu treffen. Hierzu werden Faserlaser mit Festkörperlasern verglichen, und es werden die wesentlichen Pulsparameter hinsichtlich ihrer induzierten Quantenrauschprozesse diskutiert. Motiviert durch diese Resultate wird abschließend ein neues Konzept vorgestellt, um einen sehr rauscharmen Ultrakurzpuls-Faserlaser bei einer Wellenlänge von 1 µm zu realisieren, der eine ernst zu nehmende Alternative zu Titan:Saphir Lasern bieten sollte.

8.1 Faserlaser vs. Festkörperlaser

Im Allgemeinen weisen Faserlaser gegenüber Festkörperlasern deutlich schlechtere Rauschcharakteristiken im Bezug auf den zeitlichen Jitter und das Rauschen der CEO-Frequenz auf. Dies ist auf den ersten Blick verwunderlich, da durch komplett faserbasierte Lasersysteme eine nahezu vollständige Entkopplung von technischen Rauschquellen erreicht werden kann, wie in dieser Arbeit gezeigt wurde. Als Ursache für die wesentlich schlechteren Rauscheigenschaften von Faserlasern gegenüber Festkörperlasern konnten durch den Laser induzierte Quantenrauschprozesse identifiziert werden. Die wesentlichen Effekte, die das Quantenrauschen beeinflussen, werden im Folgenden anhand der analytischen Beschreibungen aus Kapitel 5.3.2 diskutiert, um die Unterschiede zwischen den beiden Lasertypen zu verdeutlichen. Der Unterschied zwischen dem analytischen und numerischen Simulationen ist für die folgenden grundlegenden Aussagen zu vernachlässigen. Die folgende Betrachtung bezieht sich auf den zeitlichen Jitter, lässt sich aber durch das Gummibandmodell auch auf das optische Phasenrauschen oder die CEO-Frequenz anwenden (für lange Pulse) [86].

Einfluss der Repetitionsrate

Die Repetitionsrate eines Resonators wirkt auf verschiedenste Weise auf das Quantenlimit eines Lasers. Die erste Wirkung entsteht durch den direkten

Effekt auf das Quantenrauschen (siehe Kapitel 5.1). Nach Gleichung (5.20) bewirkt ein langer Resonator, dass die Rauscheinflüsse, die durch die Verstärkung und die Verluste entstehen, geringer werden, da für das Quantenrauschen die Störungen pro Sekunde und nicht pro Resonatorumlauf zählen. Von daher haben Faserlaser durch die langen Resonatoren Vorteile gegenüber beispielsweise Ti:Sa Lasern. Nach Gleichung (5.26) wird aber auch der indirekte Effekt, der auf das Quantenrauschen wirkt (Zentralfrequenzfluktuationen die durch die GVD auf den zeitlichen Jitter koppeln), durch die Repetitionsrate beeinflusst. Insgesamt ist hierbei zu beachten, dass eine Erhöhung der Resonatorlänge (Reduktion der Repetitionsrate) für Faserlaser (wenn diese nur normale Dispersion aufweisen) zu einer entsprechenden Zunahme der Dispersion führt, wodurch der Effekt der Zentralfrequenzfluktuationen eine deutliche Erhöhung des Quantenrauschens bewirkt. Dies steht im Gegensatz zu Ti:Sa Lasern, da sich hier eine Erhöhung der Umlaufdauer bei vernachlässigbarer Luftdispersion nicht auf die Gesamtdispersion auswirkt. Hierbei könnten allerdings durch das mechanische Design weitere Strahllagefluktuationen auftreten.
Bei Faserlasern ist eine Reduktion der Repetitionsrate (in normaldispersiven Pulsregimen) immer mit einer deutlichen Erhöhung der resonatorinternen Pulsdauer verbunden, wodurch eine höhere Pulsenergie erzielt werden kann [113]. Diese Einflüsse werden in den beiden folgenden Abschnitten diskutiert.

Einfluss der Pulsdauer

Nach Gleichung (5.26) skaliert die PSD des Quantenrauschens mit dem Quadrat der Pulsdauer, wodurch kurze Pulse zu einem deutlich reduzierten Quantenrauschen führen. Daher sind Festkörperlaser deutlich im Vorteil gegenüber Faserlasern (besonders Faserlasern, die in dem „wave-breaking“-freien Pulsregime arbeiten). Anhand der Simulation der Pulsdynamik des hier betrachteten Lasers (siehe Kapitel 3.4) wird der Nachteil dieses Lasers deutlich. Im Allgemeinen führen in Faserlasern sehr kurze Pulsdauern zu sehr hohen Pulsspitzenleistungen, wodurch die akkumulierte nichtlineare Phasenverschiebung stark ansteigt und damit die maximale Pulsenergie limitiert.
Die Pulsdauer hat allerdings keinen Einfluss auf das optische Phasenrauschen im Zentrum des Pulses (siehe Gleichung (5.29)). Wie allerdings in Gleichung (5.32) gezeigt wurde, steigt das Phasenrauschen in den optischen Linien der Pulsflügel quadratisch mit der Pulsdauer, wenn der Puls viele optische Zyklen aufweist. Weiterhin wurde gezeigt, dass das Phasenrauschen der CEO-Frequenz ebenfalls quadratisch mit der Pulsdauer steigt (siehe Gleichung (5.36)). Allein hieraus wird deutlich, dass ein niedriges CEO-Phasenrauschen nur mit kleinen Pulsdauern erzielt werden kann, unter der Voraussetzung, dass alle

technischen Rauschquellen eliminiert sind. Durch die sehr kurzen Pulsdauern, die in Ti:Sa Lasern erreicht werden können, besitzen diese deutlich reduziertes CEO-Phasenrauschen und entsprechend geringe Linienbreiten mit gutem Signal-zu-Rauschverhältnis.

Einfluss der Pulsenergie

Nach Gleichung (5.26) ist die PSD invers proportional zu der resonatorinternen Pulsenergie, wodurch Festkörperlaser aufgrund ihrer deutlich höheren internen Pulsenergien im Vorteil sind. Die Pulsenergien in Faserlasern sind typischerweise deutlich kleiner als in Festkörperlasern. Der Grund liegt in den hohen auftretenden nichtlinearen Effekten, die letztendlich die Pulsenergie limitieren. Ein entscheidender Unterschied zwischen Festkörper- und Faserlasern ist auch der deutlich höhere Auskoppelgrad von Faserlasern (typischerweise bis zu 85%). Dies führt ebenfalls zu einer niedrigen Pulsenergie am Anfang der aktiven Faser, wodurch der Einfluss des Quantenrauschens erhöht wird. Des Weiteren führt eine niedrige Pulsenergie auch zu einer Erhöhung der PSD des optischen Phasenrauschens (siehe Gleichung (5.29)) und des CEO-Phasenrauschens (siehe Gleichung (5.36)).

Einfluss der Verstärkung

Aufgrund der erwähnten sehr hohen Auskoppelgrade (und anderen Verlusten) weisen Faserlaser im Allgemeinen sehr hohe Verstärkungsfaktoren auf. Nach Gleichung (5.26) sind sowohl die direkten als auch die indirekten Einflüsse auf die quantenlimitierte PSD des zeitlichen Jitters linear abhängig von der Verstärkung (und damit auch von den Gesamtverlusten), wodurch Festkörperlaser erneut im Vorteil sind.

Zur Veranschaulichung sei ein Festkörperlaser mit einer Ausgangsenergie von 10 nJ und einer Auskopplung von 5% betrachtet. Unter Vernachlässigung aller weiteren Verluste beträgt die resonatorinterne Pulsenergie nach der Verstärkung 200 nJ und vor der Verstärkung 190 nJ. Damit ergibt sich ein Verhältnis von Verlusten zu Pulsenergie von $2{,}6\cdot 10^5\,\mathrm{J}^{-1}$. Ein Faserlaser mit gleicher Ausgangsenergie und einer moderaten Auskopplung von 70% (und ebenfalls keinen weiteren Verluste) weist eine interne Pulsenergie direkt vor der Auskopplung von nur 14,3 nJ auf. Dies entspricht einer Pulsenergie vor der aktiven Faser von lediglich 4,3 nJ. Hieraus ergibt sich ein Verhältnis von Verlusten zu Pulsenergie von $1{,}6\cdot 10^8\,\mathrm{J}^{-1}$. Der Einfluss des Quantenrauschens bei einem Festkörperlaser mit der gleichen Pulsenergie wie bei einem Faserlaser ist damit ca. 600-fach oder 28 dB kleiner. Der Vollständigkeit halber ist anzumerken, dass die weiteren Resonatorverluste in einem Faserlaser in keinster Weise vernachlässigbar klein sind, da beispielsweise die Transmission eines faserbasierten optischen Isolators bei einer Wellenlänge von 1 µm bei ca. 50% liegt [56]. Auch das ist ein sehr großer Unterschied zu Festkörperlasern.

Einfluss der Pulsregime in Faserlasern

Wie bereits in Kapitel 2.2 diskutiert wurde, können in einem Faserlaser vor allem durch die Wahl der Gesamtdispersion des Lasers verschiedene Pulsregime realisiert werden, die in diesem Abschnitt kurz in Bezug zu den oben erwähnten Parametern diskutiert werden.
Solitonenlaser weisen sich nicht ändernde Pulsformen und bandbreitenbegrenzte Pulsdauern während der gesamten Propagation in einem Resonator auf. Besonders nachteilig ist die limitierte Pulsenergie, wodurch ein sehr hoher Einfluss von spontaner Emission entsteht. Die PSD des Quantenrauschens wird allerdings deutlich durch die (hohe) anomale Gesamtdispersion beeinflusst, da der indirekte Effekt des Quantenrauschens (Frequenzfluktuationen die über die GVD auf den zeitlichen Jitter wirken) sich negativ auf die Rauschcharakteristik auswirkt (siehe Gleichung (5.26)).
Dispersionsgesteuerte Solitonen besitzen gegenüber fundamentalen Solitonen etwa eine Größenordnung höhere Pulsenergie und weisen durch das Dispersionsmanagement im Mittel höhere Pulsdauern auf (siehe Kapitel 2.2). Die Erhöhung der resonatorinternen Pulsenergie bewirkt eine Reduktion des Quantenrauschens, während die Pulsdauer zu einer Erhöhung der PSD führt (siehe Gleichung (5.26)). Der entscheidende Vorteil dieses Pulsregimes ist die Gesamtdispersion des Resonators, die näherungsweise bei Null liegt. Hierdurch wird der Einfluss über Fluktuationen der Zentralfrequenz eliminiert (siehe Gleichung (5.26)), wodurch der Einfluss des Quantenrauschens entscheidend reduziert wird.
In dem Regime der „wave-breaking"-freien Pulse lassen sich die höchsten Pulsenergien mit Faserlasern erreichen (siehe Kapitel 2.2), wodurch die Quanteneinflüsse während der Verstärkung weiter reduziert werden. Durch den hohen Chirpfaktor der Pulse innerhalb des Resonators wird allerdings der Einfluss des Quantenrauschens deutlich erhöht (siehe Gleichung (5.26)). An dieser Stelle ist eine feinere Unterteilung des „wave-breaking"-freien Pulsregimes nötig. Selbstähnliche oder parabolische Pulse können in einem Resonator mit Dispersionsmanagement entstehen, wenn die Gesamtdispersion leicht positiv ist [31]. Bei Faserlasern die auf spektralen Filtern beruhen wie in dieser Arbeit, ist die Gesamtdispersion stark normal, wodurch in einem entsprechenden Resonator

Pulse mit höheren Pulsdauern propagieren würden. Insgesamt ist der Effekt des Quantenrauschens durch Zentralfrequenzfluktuationen bei selbstähnlichen Pulsformen deutlich geringer als bei Pulsformen, die auf spektralen Filtern beruhen. Letztere weisen aufgrund der hohen Pulsdauer, hohen Verluste und sehr hohen Gesamtdispersion insgesamt die höchsten Einflüsse von Quantenrauschprozessen auf.

CEO-Phasenrauschen verschiedener Lasersysteme

Aus der Diskussion folgt, dass Festkörperlaser viele positive Eigenschaften aufweisen, um einen rauscharmen Laserbetrieb zu ermöglichen wie geringe Pulsdauern, niedrige Verluste und daraus resultierende geringe Verstärkung, hohe Pulsenergien und kleine Gesamtdispersionen. Durch ein optimiertes mechanisches Design lassen sich zudem technische Rauscheinflüsse weitgehend reduzieren.

Faserlaser bieten zwar durch einen vollständig faserbasierten Aufbau ein justagefreies System mit einer sehr guten Entkopplung von technischen Rauschquellen, weisen aber aufgrund der oben genannten Effekte einen hohen Einfluss von Quantenrauschen auf, wenn ihr Resonatordesign und die Wahl der Pulsform nicht auf einen möglichst rauscharmen Laserbetrieb hin optimiert sind. Werden die typischerweise erreichbaren CEO-Linienbreiten verschiedener Lasersysteme (Ti:Sa, Erbium- und Ytterbium-Faserlaser) als Kriterium für die Stärke der Rauschprozesse herangezogen, ergibt sich folgende Abstufung (diese wird über das Gummibandmodell vor allem für Quantenfluktuationen möglich): Die CEO-Linienbreiten von Ti:Sa-Lasern liegen im Bereich von kHz [114], gefolgt von Erbium-Faserlasern, die typischerweise einige 100 kHz Linienbreiten aufweisen [115, 116, 107]. Abschließend folgen Ytterbium-Faserlaser, die Linienbreiten im MHz-Bereich aufweisen können. Dass Erbium-Faserlaser typischerweise niedrigere Linienbreiten als Ytterbium-Laser aufweisen, resultiert hauptsächlich aus den geringeren Resonatorverlusten, da im Bereich der Telekommunikationswellenlängen verlustärmere Bauteile verfügbar sind. Als Vergleich weist ein faserbasierter optischer Isolator für Wellenlängen von Erbium-Faserlasern einen typischen Verlust von lediglich 10% auf [56], während der Verlust bei einer Wellenlänge von 1 µm bei 50% liegt [56]. Weiterhin werden diese Laser meist in dem Regime der dispersionsgesteuerten Solitonen betrieben, wodurch die Pulsdauern klein gehalten werden können.

Trotz der schlechteren Rauschcharakteristik von Erbium-Faserlasern im Vergleich zu Festkörperlasern haben diese mittlerweile breite Anwendungen gefunden. Durch ein ausreichendes Signal-zu-Rauschverhältnis des CEO-Signals ist eine effektive Stabilisierung der Frequenzkammparameter möglich. Die Vortei-

le gegenüber Ti:Sa-Lasern liegen dann in den kompakteren, justagefreien und kostengünstigeren Aufbauten. Entsprechende Systeme sind bereits seit einigen Jahren kommerziell erhältlich [117].
Durch die hohen CEO-Frequenz-Linienbreiten sind Ytterbium-Faserlaser bisher wenig verbreitet. Es konnte jedoch gezeigt werden, dass es möglich ist, durch ein optimiertes Resonatordesign und die Wahl des selbstähnlichen Pulsregimes mit einem Ytterbium-Faserlasersystem einen optischen Frequenzkamm mit CEO-Frequenz-Linienbreiten von kleiner als 10 kHz bei einer mittleren Ausgangsleistung von über 10 W zu erzeugen [109]. Der entsprechende Laser ist als Linearresonator aufgebaut. Für das interne Dispersionsmanagement wurde ein Faserbragggitter genutzt, das gleichzeitig als Ausgang diente. Durch die Wahl des selbstähnlichen Pulsregimes konnte eine Gesamtdispersion gewählt werden, die leicht normal war, wodurch der indirekte Effekt auf den zeitlichen Jitter im Vergleich zu dem Laser, der in dieser Arbeit verwendet wurde, reduziert werden konnte. Der Laser wurde über einen sättigbaren Absorberspiegel modengekoppelt, der sich in einem kleinen Freistrahlbereich befand. Um die Ausgangsleistung auf über 10 W zu skalieren, wurde ein Faserstrecker genutzt, und die Pulse wurden in einer polarisationserhaltenden Doppelkernfaser mit einer effektiven Fläche von 700 μm^2 verstärkt. Hierdurch konnten nichtlineare Einflüsse und somit auch die Kopplung von Amplituden- auf Phasenrauschen durch den Kerreffekt reduziert werden.

8.2 Mögliches Resonatordesign für einen sehr rauscharmen Ultrakurzpuls Ytterbium-Faserlaser

Im Folgenden wird ein neues Resonatordesign vorgestellt, um einen möglichst rauscharmen Ultrakurzpuls Ytterbium-Faserlaser zu realisieren.
Der Laser sollte vollständig faserbasiert realisiert werden und eine Dispersionskompensation aufweisen. Hierfür kann eine „Higher-Order-Mode"-Faser genutzt werden, da bei der Integration in den Laser nur geringe Spleißverluste auftreten. In dieser Faser wird die anomale Dispersion der höheren Moden ausgenutzt (für nähere Informationen über die Faser siehe Ref. [49]). Wird der Laser als Linearresonator aufgebaut, kann einerseits auf den stark verlustbehafteten Isolator verzichtet werden und andererseits auch eine relativ kurze Länge realisiert werden. Die Auskopplung kann über einen teildurchlässigen Spiegel, der direkt auf das andere Faserende aufgebracht ist, erfolgen. Hierbei sollte darauf geachtet werden, dass der Auskoppelgrad möglichst gering gehalten wird, um die resonatorinterne Pulsenergie zu erhöhen. Die Modenkopplung könnte durch die Verwendung von NPE oder über einen sättigbaren Absor-

berspiegel, der direkt an dem einen Ende des Faserresonators aufgebracht ist [118], realisiert werden. Hierdurch lassen sich technische Rauscheinflüsse nahezu komplett reduzieren. Dies ist ein wesentlicher Vorteil gegenüber dem oben erwähnten Ytterbium-Faserlaser. Die Nutzung des sättigbaren Absorberspiegels ist für eine Variante des Lasers mit polarisationserhaltenden Fasern von Vorteil, um mögliche Änderungen der Doppelbrechung und somit des Polarisationszustandes bei Biegen oder Bewegung der Faser auszuschließen. Damit wären auch nahezu alle Polarisationseffekte beseitigt.

Als Gesamtdispersion des Lasers ist eine Gruppengeschwindigkeitsdispersion von Null anzustreben, um das induzierte Quantenrauschen durch optische Frequenzfluktuationen vollständig zu eliminieren (siehe Gleichung (5.26)). Durch eine relativ kurze Resonatorlänge und das Pulsregime der dispersionsgesteuerten Solitonen wären die Pulse durch die Dispersion der Fasern zeitlich nicht so stark gechirpt wie in dem selbstähnlichen Pulsregime (siehe Kapitel 2.2). Vor allem die Unterdrückung der optischen Frequenzfluktuationen durch die Gesamtdispersion würde nach Gleichung (5.26) zu einer deutlichen Reduktion des Quantenrauschens führen, die auch durch die geringen Verluste, die kleinen Pulsdauern und die hohen resonatorinternen Pulsenergien unterstützt werden würde.

Um eine Abschätzung des Quantenlimits des Phasenrauschens der Repetitionsrate zu bekommen, kann das analytische Modell (Gleichung (5.26)) genutzt werden. Es kann gezeigt werden, dass diese Gleichung für dispersionsgesteuerte Solitonen anwendbar ist [119]. Das Ergebnis ist in Abbildung 8.1 dargestellt.

Zur Berechnung der PSD der Quantenfluktuationen wurde eine Pulsdauer von 1,5 ps, ein Verstärkungsfaktor von 0,6, eine interne gemittelte Pulsenergie von 2 nJ und eine Resonatorumlaufdauer von 31 ns angenommen. Zum Vergleich ist auch die PSD der Quantenfluktuationen des bisher in dieser Arbeit untersuchten Lasers dargestellt.

Es ist erkennbar, dass die PSD der Quantenfluktuationen bei dem vorgeschlagenen Laser rund 200 dB unter der des bisher betrachteten Lasers liegen sollte. In einem entsprechenden Lasersystem ist der Wert des Quantenlimits allerdings kaum zu erreichen, da andere Effekte die Rauscheigenschaften des Lasers dominieren würden. Als Beispiel wären hier das Amplitudenrauschen der Pumpdioden (siehe Kapitel 7.2) oder andere technische Rauschquellen zu nennen, die nicht isoliert werden können.

Da die CEO-Frequenz-Linienbreite sich aus der PSD der Phasenfluktuationen der Repetitionsrate über das Gummibandmodell abschätzen lässt (siehe Kapitel 7.2), würde aus der deutlichen Reduzierung des zeitlichen Jitters eine deutlich schmalere CEO-Frequenz-Linienbreite resultieren. Voraussetzung hierfür ist allerdings, dass der Fixpunkt der Phasenfluktuationen des Lasers weiterhin

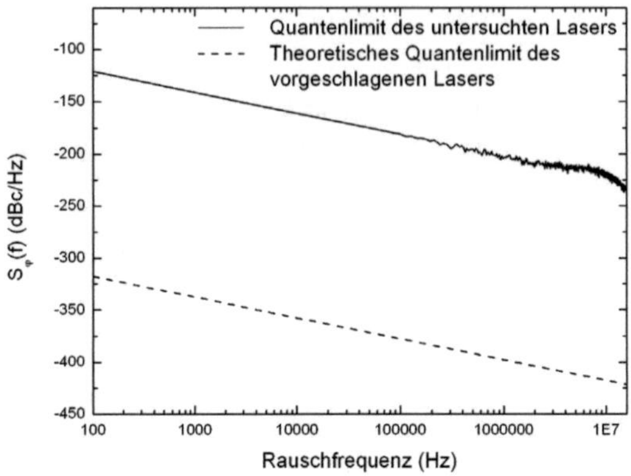

Abbildung 8.1: Berechnete PSD der Quantenfluktuationen für den vorgeschlagenen Laser im Vergleich zu der simulierten PSD des untersuchten Lasers.

innerhalb des optischen Spektrums liegt. Trotzdem würde dieser Laser ein wesentlich geringeres Phasenrauschen der Repetitionsrate und der CEO-Frequenz aufweisen und wäre somit eine ernst zu nehmende Alternative zu Ti:Sa Lasern.

9 Zusammenfassung

Für die Erzeugung von rauscharmen Lasern sollten komplett faserbasierte Systeme eine sehr gute Alternative zu herkömmlich genutzten Ultrakurzpuls-Titan:Saphir-Lasern darstellen, da bei ihnen nahezu alle technischen Rauscheinflüsse unterdrückt werden können. Faserlaser bieten gegenüber den Festkörperlasern viele Vorteile wie beispielsweise die Kompaktheit und die Justagefreiheit. Weiterhin sind sie eine wesentlich kostengünstigere Alternative, da für Faserlaser entsprechende faserbasierte Pumpdioden zur Verfügung stehen. Typischerweise sind die Pulsenergien von Faserlasern aber durch die hohen nichtlinearen Effekte in den Fasern begrenzt. Dieses gilt vor allem für Solitonen-Laser und auch für Laser, die dispersionsgesteuerte Solitonen emittieren. Durch die Erzeugung von „wave-breaking"-freien Pulsen ist es allerdings möglich geworden, Pulse mit sehr hohen Pulsenergien und nahezu linearem Chirp aus Faserlasern zu extrahieren, ohne dass die Pulse durch nichtlineare Effekte begrenzt sind. Hierdurch sind gleichzeitig hohe Pulsenergien und kurze bandbreitenbegrenzte Pulsdauern realisierbar, wodurch dieses Pulsregime für die Erzeugung von rauscharmen Lasersystemen und optischen Frequenzkämmen sehr interessant ist. Allerdings gab es im Gegensatz zu Solitonen und dispersionsgesteuerten Solitonen bisher keine detaillierten Untersuchungen der Rauschcharakteristik von „wave-breaking"-freien Pulsen.
Bisher war der Einsatz von Faserlasern (Erbium- und Ytterbium-Laser) in der optischen Frequenzmetrologie vor allem durch ihre teilweise sehr hohen CEO-Frequenz-Linienbreiten limitiert. Daher wurden zur Stabilisierung Rückkoppelschleifen mit entsprechend hohen Bandbreiten verwendet, um die Linienbreiten deutlich zu reduzieren. Der Ursprung dieser teilweise hohen Linienbreiten, die im Allgemeinen bei Ytterbium-Faserlasern noch deutlich höher waren als bei Erbium-Faserlasern, konnte bisher nicht eindeutig geklärt werden.
In dieser Arbeit wurden daher erstmals sowohl experimentell als auch theoretisch die Rauscheigenschaften eines passiv modengekoppelten Ytterbium-Faserlasers, der „wave-breaking"-freie Pulse emittierte, detailliert untersucht. Der komplett faserbasierte Laser bestand nur aus normal dispersiven Fasern. Durch die Nutzung eines spektralen Filters auf Faserbasis konnte auf ein Dispersionsmanagement verzichtet werden, da hierdurch sowohl die spektralen als auch die zeitlichen Änderungen des Pulses nach einem Resonatorumlauf

wieder kompensiert werden konnten. Dieses Filter erzeugte eine zusätzliche Amplitudenmodulation, die die Modenkopplung durch nichtlineare Polarisationsdrehung unterstützte und stabilisierte. Durch numerische Simulationen konnte gezeigt werden, dass die Pulse innerhalb des Resonators starken spektralen und zeitlichen Änderungen unterlagen, die durch die großen Einflüsse der Dispersion und Nichtlinearitäten hervorgerufen wurden.
Durch die ausschließliche Nutzung von optischen Fasern und faserbasierten Bauteilen gelang eine exzellente Entkopplung von technischen und akustischen Rauschquellen, sodass die dominierenden Rauscheinflüsse hauptsächlich durch Quanteneffekte bestimmt sein sollten.
Eine mathematische Beschreibung von (Quanten-) Rauschprozessen durch ein analytisches Modell war bisher nur für Solitonen-Laser möglich, da sich die Pulsparameter während der Propagation innerhalb des Resonators nur geringfügig verändern [11]. In dieser Arbeit wurde erstmals geklärt, inwieweit es durch ein einfaches analytisches Modell möglich ist, genaue Aussagen über die Phasenfluktuationen der Repetitionsrate und den daraus resultierenden zeitlichen Jitter für „wave-breaking“-freie Pulse zu treffen. Dies ist im Gegensatz zu Solitonen wesentlich schwieriger, da die Pulsformung in diesem Fall wesentlich komplexer ist. Hierfür wurde ein bestehendes analytisches Modell [82] modifiziert, um die Pulsdynamik näherungsweise zu berücksichtigen. Es zeigte sich, dass die gemessene spektrale Rauschleistungsdichte (PSD) der Phasenfluktuationen der Repetitionsrate ca. 14 dB höher war als durch das einfache Modell vorhergesagt wurde. Um zu klären, ob es sich hierbei um zusätzliches Rauschen handelt, das durch den Messprozess addiert wurde, oder ob es tatsächlich aus dem Laser stammt, wurde ein numerisches Modell genutzt, um die Pulspropagation unter dem Einfluss von Quantenfluktuationen zu simulieren. Im Gegensatz zu dem analytischen Modell konnte dabei auch die komplexe Pulspropagation berücksichtigt werden. Es zeigte sich, dass die simulierte PSD des Quantenrauschens nahezu exakt mit der gemessenen PSD übereinstimmte. Hieraus folgte, dass das einfache analytische Modell das reale Phasenrauschen des Faserlasers deutlich unterschätzte, und dass sämtliche Rauscheinflüsse, die auf den Laser wirkten, soweit reduziert werden konnten, dass die Rauschprozesse nur durch Quantenrauschen dominiert waren.
Zur vollständigen Charakterisierung der Rauscheigenschaften wurde in dieser Arbeit ebenfalls das optische Phasenrauschen einer Linie in der Nähe des von dem Laser emittierten optischen Spektrums untersucht, nachdem der Laserpuls extern auf die nötige spektrale Breite verbreitert wurde. Weiterhin wurde das Rauschen der Schlupffrequenz (CEO-Frequenz) untersucht. Beide Größen hängen durch das Gummibandmodell sehr eng zusammen [86]. Bei den Untersuchungen zeigte sich, dass das optische Phasenrauschen sehr klein war,

während das Rauschen der CEO-Frequenz sehr hoch war. Dies entspricht dem Gegensatz dazu, dass der resultierende zeitliche Jitter durch Fluktuationen der Resonatorlänge entstanden war, da in dem Fall das optische Phasenrauschen sehr hoch sein müsste, und das Phasenrauschen der CEO-Frequenz (und damit die entsprechende Linienbreite) sehr klein sein müsste. Die erzielten Resultate wiesen eindeutig darauf hin, dass die gemessenen Fluktuationen auf reinen Quantenrauschprozessen basierten, wodurch der Fixpunkt des Gummibandes innerhalb des optischen Spektrums liegen musste. Aus diesem Modell folgte, dass die PSD der CEO-Phasenfluktuationen entsprechend einen Faktor $(\nu_{opt}/f_{Rep})^2$ ($\approx 140\,\mathrm{dB}$) über der PSD der Phasenfluktuationen der Repetitionsrate liegen musste, wodurch sich eine CEO-Frequenz-Linienbreite von ca. 3 MHz ergeben sollte. Dieser Wert konnte experimentell nachgewiesen werden. Somit wurde erstmals eindeutig geklärt, warum Faserlaser CEO-Frequenz-Linienbreiten im MHz - Bereich aufweisen können, wenn ihr Resonatordesign und die Wahl der propagierenden Pulsform nicht auf einen rauscharmen Laserbetrieb hin optimiert sind. Durch eine ausführliche Diskussion der einzelnen Laserparameter in Bezug auf das entstehende Quantenrauschen war es möglich, einen Vorschlag für ein Faserlaserresonatordesign zu formulieren, das einen extrem rauscharmen Laserbetrieb ermöglichen sollte und daher ideal für die Frequenzkammmetrologie geeignet wäre. Auf der Basis des analytischen Modells, das für dispersionsgesteuerte Solitonen noch zutrifft [119], konnte abgeschätzt werden, dass die PSD der Quantenfluktuationen um ca. 200 dB reduziert werden könnte. Inwieweit bei der Realisierung eines entsprechenden Lasers technische Rauscheinflüsse das Phasenrauschen limitieren würden, wäre in zukünftigen Experimenten festzustellen.

Akronyme

BP	Bandpassfilter
CEO	Träger-Einhüllenden-Verschiebung
FFT	schnelle Fouriertransformation
FD	Fotodiode
FWHM	Halbwertsbreite
GVD	Gruppengeschwindigkeitsdispersion
HOM	Higher-Order-Mode-Faser
IRS	Intrapuls Ramanstreuung
LB	Lochblende
LO	Lokaloszillator
NLSG	nichtlineare Schrödinger Gleichung
NPE	nichtlineare Polarisationsentwicklung
NPRO	nicht planarer Ringoszillator
NSR	nicht-solitonische Strahlung
OWB	„optisches Wellenbrechen“
PCF	Photonische Kristallfaser
PM	polarisationserhaltend
PS	Polarisationssteller
PSD	spektrale Rauschleistungsdichte
SAM	sättigbarer Absorberspiegel
SMF	Single-Mode-Faser
SPM	Selbstphasenmodulation
ST	Strahlteiler
TP	Tiefpassfilter
Ti:Sa	Titan:Saphir
TOD	Dispersion dritter Ordnung
XPM	Kreuzphasenmodulation
ZDW	Nulldispersionswellenlänge

Formelzeichen

A	Amplitude
A_{eff}	effektiver Modenfelddurchmesser
B	Auflösungsbandbreite des Spektrumanalysators
B_f	Messfrequenzbandbreite
c	Lichtgeschwindigkeit
e	Elementarladung
E_S	Solitonenenergie
E_P	Pulsenergie
E_{sat}	Sättigungsenergie
f_{CEO}	Schlupffrequenz
f_{min}	kleinste Frequenz der PSD
f_{Rep}	Repetitionsrate
f_S	Abtastfrequenz
g	Verstärkung
g_0	Kleinsignalverstärkung
$G(\tau)$	Autokorrelationsfunktion
h	plancksche Wirkungsquantum
I	Intensität
k_B	Boltzmannkonstante
l_{ges}	Gesamtverluste eines Resonators
L	Faserlänge
L_d	Dispersionslänge
L_{nl}	nichtlineare Länge
L_{Res}	Resonatorlänge
$L(f)$	einseitige spektrale Rauschleistungsdichte
N	Solitonenordnung
$n_0(\omega)$	linearer Brechungsindex
n_2	nichtlinearer Brechungsindex
n_{bit}	Bit-Zahl der Samplingkarte
P_0	Pulsspitzenleistung
P_c	Leistung der Trägerfrequenz
$\bar{P}$	mittlere Leistung (kontinuierlicher Betrieb)
$\tilde{P}(t)$	rauschfreier Puls

P_{av}	mittlere Leistung (gepulster Betrieb)
R	elektrischer Widerstand
R_{Ref}	Reflektivität
R_{unsat}	nicht sättigbare Reflektivität
R_{sat}	sättigbare Reflektivität
$S(f)$	zweiseitige spektrale Rauschleistungsdichte
$S_I(f)$	zweiseitige PSD der Intensitätsfluktuationen
$S_\varphi(f)$	zweiseitige PSD der Phasenfluktuationen
$S_{\Delta t}(f)$	zweiseitige PSD der zeitlichen Fluktuationen
T_0	bandbreitenbegrenzte Pulsdauer
T_{AK}	Auskopplertransmission
T_R	Ramanantwort
T_{rt}	Resonatorumlaufdauer
T_{Temp}	Temperatur
v_{Ph}	Phasengeschwindigkeit
v_{Gr}	Gruppengeschwindigkeit
β_1	inverse Gruppengeschwindigkeit
β_2	Gruppengeschwindigkeitsdispersion
β_3	Dispersion dritter Ordnung
β_{2net}	Gesamtdispersion eines Resonators
δ	Dirac-Funktion
δt_{Sampl}	zeitliche Auflösung der Samplingkarte
ΔX	Abweichung von einer Größe X
Δt	zeitliche Fluktuationen
$\Delta\phi$	CEO-Phase
$\Delta\varphi$	Phasenfluktuationen
$\Delta\nu_F$	spektrale Filterbandbreite
$\Delta\nu_P$	spektrale Pulsbandbreite
Δf_g	Verstärkungsbandbreite
Δt	zeitliche Fluktuationen
ϕ_S	Phase des Solitons
ϕ	Phase der NSR
φ_{nl}	nichtlineare Phasenverschiebung
γ	Nichtlinearitätskoeffizient
η	Quanteneffizienz des Fotodetektors
λ	Wellenlänge
ν_0	Zentralfrequenz
ν_{opt}	optische Frequenz
Θ	Korrekturfaktor für spontane Emission
$\sigma_{\Delta t}$	zeitlicher Jitter der Ankunftszeit des Pulses (RMS Wert)
τ_p	Pulsdauer
$\chi^{(3)}$	Suszeptibilität dritter Ordnung

Literaturverzeichnis

[1] S. A. Diddams, D. J. Jones, J. Ye, S. T. Cundiff, J. L. Hall, J. K. Ranka, R. S. Windeler, R. Holzwarth, Th. Udem, and T. W. Hänsch. Direct link between microwave and optical frequencies with a 300 THz femtosecond laser comb. *Phys. Rev. Lett.*, 84:5102–5105, 2000.

[2] P. Corkum. Plasma perspective on strong field multiphoton inonization. *Phys. Rev. Lett.*, 71:1994–1997, 1993.

[3] D. G. Lappas and A. L'Huillier. Generation of attosecond XUV pulses in strong laser-atom interactions. *Phys. Rev. A*, 58:4140–4146, 1998.

[4] M. Drescher, M. Hentschel, R. Kienberger, G. Tempea, C. Spielmann, G. A. Reider, P. B. Corkum, and F. Krausz. X-ray pulses approaching the attosecond frontier. *Science*, 291:1923–1927, 2001.

[5] J. R. Jones, K. D. Moll, M. J. Thorpe, and J. Ye. Phase-coherent frequency combs in the vacuum ultraviolet via high-harmonic generation inside a femtosecond enhancement cavity. *Phys. Rev. Lett.*, 94:193201–193204, 2005.

[6] S. A. Diddams, J. C. Bergquist, S. R. Jefferts, and C. W. Oates. Standards of Time and Frequency at the Outset of the 21st Century. *Science*, 309:1318–1324, 2004.

[7] The Royal Swedish Academy of Sciences, The Nobel Prize in Physics 2005. http://www.kva.se/en/prizes/prize-winner-page/?laureateid=623.

[8] J. Stenger, H. Schnatz, C. Tamm, and H. R. Telle. Ultraprecise Measurement of Optical Frequency Ratios. *Phys. Rev. Lett.*, 88:073601–1–073601–4, 2002.

[9] I. Hartl, M. E. Fermann, P. Pal, and W. H. Knox. Self-Referenced Yb-Fiber-Laser Frequency Comb Using a Dispersion Micromanaged Tapered Holey Fiber. In *Conference on Lasers and Electro-Optics/Quantum*

Electronics and Laser Science Conference and Photonic Applications Systems Technologies, OSA Technical Digest Series (CD) (Optical Society of America, 2007), paper CMU2, 2007.

[10] L. E. Nelson, S. B. Fleischer, G. Lenz, and E. P. Ippen. Efficient frequency doubling of a femtosecond fiber laser. *Opt. Lett.*, 21:1759–1762, 1996.

[11] H. A. Haus and A. Mecozzi. Noise of mode-locked lasers. *IEEE J. Quantum Electron.*, 29:983–996, 1993.

[12] H. A. Haus. Mode-Locking of Lasers. *IEEE J. Quantum Electron.*, 6:1173–1185, 2000.

[13] F. K. Kneubühl and M. W. Sigrist. Laser. *BG. Teubner Stuttgart*, 4. Auflage, 1995.

[14] Govind P. Agrawal. Nonlinear Fiber Optics. *Academic Press*, 1995.

[15] R. W. Boyd and E. L. Bucklund. Nonlinear optical interactions in optical fibers. *J. Nonlinear Opt. Phys. & Math.*, 7:105–112, 1998.

[16] M. Morin and M. Piché. Interferential mode locking: Gaussian pulse analysis. *Opt. Lett.*, 14:1119–1121, 1989.

[17] L. F. Mollenauer and R. H. Stolen. The soliton laser. *Opt. Lett.*, 9:13–15, 1984.

[18] J. P. Gordon. Dispersive perturbations of solitons of the nonlinear Schrödinger equation. *J. Opt. Soc. Am.*, 9:91–97, 1992.

[19] T. Brabec and S. M. J. Kelly. Third-order dispersion as a limiting factor to mode locking in femtosecond solitary lasers. *Opt. Lett.*, 18:2002–2004, 1993.

[20] K. Tamura, E. P. Ippen, H. A. Haus, and L. E. Nelson. 77-fs pulse generation from a stretched-pulse mode-locked all-fiber ring laser. *Opt. Lett.*, 18:1080–1082, 1993.

[21] J. H. B. Nijhof, W. Forysiak, and N. J. Doran. Dispersion-managed solitons in the normal dispersion regime: a physical interpretation. *Opt. Lett.*, 23:1674–1676, 1998.

[22] K. R. Tamura. Additive Pulse Mode-Locked Erbium-Doped Fiber Laser. *Dissertation Massachusetts Institute of Technology*, 1994.

[23] L. E. Nelson, D. J. Jones, K. Tamura, H. A. Haus, and E. P. Ippen. Ultrashort pulse fiber ring lasers. *Appl. Phys. B*, 65:277–294, 1997.

[24] D. Anderson, M. Desaix, M. Lisak, and M. L. Quiroga-Teixeiro. Wave breaking in nonlinear-optical fibers. *J. Opt. Soc. Am. B*, 9:1358–1361, 1992.

[25] W. J. Tomlinson, R. H. Stolen, and A. M. Johnson. Optical wave breaking of pulses in nonlinear optical fibers. *Opt. Lett.*, 10:457–459, 1985.

[26] M. E. Fermann, V. I. Kruglov, B. C. Thomsen, J. M. Dudley, and J. D. Harvey. Self-similar propagation and amplification of parabolic pulses in optical fibers. *Phys. Rev. Lett.*, 84:6010–6013, 2000.

[27] M. D. Perry, T. Ditmire, and B. C. Stuart. Self-phase modulation in chirped-pulse amplification. *Opt. Lett.*, 19:2149–2151, 1994.

[28] M. E. Fermann, A. Galvanauskas, M. L. Stock, K. K. Wong, D. Harter, and L. Goldberg. Ultrawide tunable Erbium soliton fiber laser amplified in Yb-doped fiber. *Opt. Lett.*, 24:1428–1430, 1994.

[29] J. M. Dudley, C. Finot, D. J. Richardson, and G. Millot. Self-similarity in ultrafast nonlinear optics. *Nature Physics*, 3:597–603, 2007.

[30] A. C. Peacock, V. I. Kruglov, B. C. Thomsen, J. D. Harvey, M. E. Fermann, G. Sucha, D. Harter, and J. M. Dudely. Generation and interaction of parabolic pulses in high gain fiber amplifiers and oscillators. In *Conference on Optical Fiber Communication 2000, Technical Digest (Optical Society of America), paper WP4-1*, 2000.

[31] F. Ö. Ilday, J. R. Buckley, W. G. Clark, and F. W. Wise. Self-similar evolution of parabolic pulses in a laser. *Phys. Rev. Lett.*, 92:213902 1–4, 2004.

[32] B. Proctor, E. Westwig, and F. Wise. Operation of a Kerr-lens modelocked Ti:sapphire laser with positive group-velocity dispersion. *Opt. Lett.*, 18:1654–1656, 1993.

[33] A. Chong, W. H. Renninger, and F. W. Wise. All-normal-dispersion femtosecond fiber laser with pulse energy above 20 nJ. *Opt. Lett.*, 32:2408–2410, 2007.

[34] A. Chong, J. Buckley, W. H. Renninger, and F. W. Wise. All-normal-dispersion femtosecond fiber laser. *Opt. Express*, 14:10095–10100, 2006.

[35] H. Karow. Ytterbium dotierter Kurzpulsfaserlaser mit spektralem Filter. Diplomarbeit, Leibniz Universität Hannover, 2008.

[36] S. T. Cundiff and J. Ye. Colloquium: Femtosecond optical frequency combs. *Rev. Mod. Phys.*, 75:325–342, 2003.

[37] N. R. Newbury and B. R. Washburn. Theory of the frequency comb output from a femtosecond fiber laser. *IEEE J. Quantum Electron.*, 41:1388–1402, 2005.

[38] F. W. Helbing, G. Steinmeyer, J. Stenger, H. R. Telle, and U. Keller. Carrier-envelope-offset dynamics and stabilization of femtosecond pulses. *Appl. Phys. B*, 74:35–42, 2002.

[39] H. R. Telle, G. Steinmeyer, A. E. Dunlop, J. Stenger, D. H. Sutter, and U. Keller. Carrier-envelope offset phase control: A novel concept for absolute optical frequency measurement and ultrashort pulse generation. *Appl. Phys. B*, 69:327–332, 1999.

[40] S. Rausch, T. Binhammer, A. Harth, J. W. Kim, R. Ell, F. X. Kärtner, and U. Morgner. Controlled waveforms on the single-cycle scale from a femtosecond oscillator. *Opt. Express*, 16:9739–9745, 2008.

[41] J. K. Ranka, R. S. Windeler, and A. J. Stentz. Visible continuum generation in air-silica microstructure optical fibers with anomalous dispersion at 800 nm. *Opt. Lett.*, 25:25–27, 2000.

[42] E. B. Tracy. Optical Pulse Compression With Diffraction Gratings. *IEEE J. Quantum Electron.*, 13:454–458, 1969.

[43] A. Bjarklev, J. Broeng, and A. S. Bjarklev. Photonic Crystal Fibers. *Kluwer Academic Publishers*, 2003.

[44] http://www.crystalfibre.com/.

[45] H. Lim, F. Ö. Ilday, and F. W. Wise. Femtosecond ytterbium fiber laser with photonic crystal fiber for dispersion control. *Opt. Express*, 10:1497–1502, 2002.

[46] A. Isomäki and O. G. Okhotnikov. Femtosecond soliton mode-locked laser based on ytterbium-doped photonic bandgap fiber. *Opt. Express*, 14:9238–9243, 2006.

[47] A. Isomäki and O. G. Okhotnikov. All-fiber ytterbium soliton mode-locked laser with dispersion control by solid-core photonic bandgap fiber. *Opt. Express*, 14:4368–4373, 2006.

[48] A. Ruehl, O. Prochnow, M. Engelbrecht, D. Wandt, and D. Kracht. Similariton laser with a hollow core photonic bandgap fiber for dispersion control. *Opt. Lett.*, 32:1084–1086, 2007.

[49] M. Schultz, O. Prochnow, A. Ruehl, D. Wandt, D. Kracht, S. Ramachandran, and S. Ghalmi. Sub-60-fs ytterbium-doped fiber laser with a fiber-based dispersion compensation. *Opt. Lett.*, 32:2372–2374, 2007.

[50] S. Ramachandran. Dispersion-tailored few-mode fibers: A versatile platform for in-fiber photonic devices. *J. Lightw. Technol*, 23:3426–3443, 2005.

[51] O. Prochnow, A. Ruehl, M. Schultz, D. Wandt, and D. Kracht. All-fiber similariton laser at 1 µm without dispersion compensation. *Opt. Express*, 15:6889–6893, 2007.

[52] K. Kieu and F. W. Wise. All-fiber normal-dispersion femtosecond laser. *Opt. Express*, 16:11453–11458, 2008.

[53] M. Schultz, H. Karow, O. Prochnow, D. Wandt, U. Morgner, and D. Kracht. All-fiber ytterbium femtosecond laser without dispersion compensation. *Opt. Express*, 16:19562–19567, 2008.

[54] http://www.corning.com.

[55] http://www.nlight.net.

[56] http://www.acphotonics.com.

[57] H. Sayinc, D. Mortag, D. Wandt, J. Neumann, and D. Kracht. Sub 100 fs pulses from a low repetition rate Yb-doped fiber laser. *Opt. Express*, 17:5731–5735, 2009.

[58] C. Gerthsen, H. O. Kneser, and H. Vogel. Physik. *Springer Verlag Berlin Heidelberg New York*, 16. Auflage, 1989.

[59] I. H. Malitson. Interspecimen comparison of refractive index of fused silica. *J. Opt. Soc. Am.*, 55:1205–1209, 1965.

[60] F. Ö. Ilday. Theory and practice of high-energy femtosecond fiber lasers. *Dissertation Universität Cornell*, 2004.

[61] J. J. Koponen, M. J. Söderlund, S. K. Tammela, and H. Po. Photodarkening in ytterbium-doped silica fibers. *Proc. SPIE*, 5990:599008, 2005.

[62] J. J. Koponen, M. Laurila, and M. Hotoleanu. Inversion behavior in core and cladding pumped Yb-doped fiber photodarkening measurements. *Appl. Phys. B*, 47:4522–4528, 2008.

[63] http://www.coractive.com.

[64] Manual FiberDesk V3.0, http://www.fiberdesk.com/.

[65] T. Schreiber, B. Ortac, J. Limpert, and A. Tünnermann. On the study of pulse evolution in ultra-short pulse mode-locked fiber lasers by numerical simulations. *Opt. Express*, 15:8252–8262, 2007.

[66] K. J. Blow and D. Wood. Theoretical description of transient stimulated Raman scattering in optical fibers. *IEEE Journal of Quantum Electronics*, 25:2665–2673, 1989.

[67] J. Herrmann, U. Griebner, N. Zhavoronkov, A. Husakou, D. Nickel, J. C. Knight, W. J. Wadsworth, P. St. Russell, and G. Korn. Experimental Evidence for Supercontinuum Generation by Fission of Higher-Order Solitons in Photonic Fibers. *Phys. Rev. Lett.*, 88:173901–1–173901–4, 2002.

[68] H. Hundertmark, D. Kracht, D. Wandt, C. Fallnich, V. V. Ravi Kanth Kumar, A. George, J. Knight, and P. Russell. Supercontinuum generation with 200 pJ laser pulses in an extruded SF6 fiber at 1560 nm. *Opt. Express*, 11:3196–3201, 2003.

[69] J. M. Dudley and S. Coen. Coherence properties of supercontinuum spectra generated in photonic crystal and tapered optical fibers. *Opt. Lett.*, 27:1180–1182, 2002.

[70] Th. Udem, J. Reichert, R. Holzwarth, and T. W. Hänsch. Accurate measurement of large optical frequency differences with a mode-locked laser. *Opt. Lett.*, 24:881–883, 1999.

[71] P. S. Westbrook, J. W. Nicholson, K. S. Feder, Y. Li, and T. Brow. Supercontinuum generation in a fiber grating. *Appl. Phys. Lett.*, 85:4600–4602, 2004.

[72] K. Kim, S. A. Diddams, P. S. Westbrook, J. W. Nicholson, and K. S. Feder. Improved stabilization of 1,3 µm femtosecond optical frequency comb by use of a spectrally tailored continuum from a nonlinear fiber. *Opt. Lett.*, 31:277–279, 2006.

[73] K. M. Hilligsøe, H. N. Paulsen, J. Thøgersen, S. R. Keiding, and J. J. Larsen. Initial steps of supercontinuum generation in photonic crystal fibers. *J. Opt. Soc. Am. B*, 20:1887–1893, 2003.

[74] http://www.crystalfibre.com.

[75] A. Hasegawa. Optical Solitons in Fibers. *Springer Berlin*, 1990.

[76] O. Prochnow, A. Ruehl, M. Schultz, D. Wandt, and D. Kracht. Generation of supercontinua with parabolic pulses. In *CLEO/Europe and IQEC 2007 Conference Digest, (Optical Society of America, 2007), paper CF6.1*, 2007.

[77] K. L. Corwin, N. R. Newbury, J. M. Dudley, S. Coen, S. A. Diddams, B. R. Washburn, K. Weber, and R. S. Windeler. Fundamental amplitude noise limitations to supercontinuum spectra generated in a microstructured fiber. *Appl. Phys. B*, 77:269–277, 2003.

[78] J. N. Ames, S. Ghosh, R. S. Windeler, A. L. Gaete, and S. T. Cundiff. Excess noise generation during spectral broadening in a microstructured fiber. *Appl. Phys. B*, 77:279–284, 2003.

[79] R. Paschotta, H. R. Telle, and U. Keller. *Kapitel 12 in Solid State Lasers and Applications.* CRC Press, 2007.

[80] D. C. Hutchings, M. Sheik-Bahae, D. J. Hagan, and E. W. Van Stryland. Kramers-Krönig relations in nonlinear optics. *Opt. Quantum Electron.*, 24:1–30, 1992.

[81] R. Paschotta. Noise of mode-locked lasers (Part I): numerical model. *Appl.Phys. B.*, 79:153–162, 2004.

[82] R. Paschotta. Noise of mode-locked lasers (Part II): timing jitter and other fluctuations. *Appl.Phys. B.*, 79:163–173, 2004.

[83] A. L. Lance, W. D. Seal, and F. Labaar. *Infrared And Millimeter Waves. Vol. 11 Chapter 7.* Academic Press, 1984.

[84] A. Schlatter, B. Rudin, S. C. Zeller, R. Paschotta, G. J. Spühler, L. Krainer, N. Haverkamp, H. R. Telle, and U. Keller. Nearly quantum-noise-limited timing jitter from miniature Er:Yb:glass lasers. *Opt. Lett.*, 30:1536–1538, 2005.

[85] R. Paschotta, O. Prochnow, D. Wandt, U. Morgner, and D. Kracht. Timing jitter of Mode-Locked Fiber Lasers. In *Advanced Solid-State Photonics, OSA Technical Digest Series (CD) (Optical Society of America, 2009), paper MB16*, 2009.

[86] R. Paschotta, A. Schlatter, S. C. Zeller, H. R. Telle, and U. Keller. Optical phase noise and carrier-envelope offset noise of mode-locked lasers. *Appl. Phys. B*, 82:265–273, 2006.

[87] A. L. Schalow and C. H. Townes. Infrared and optical masers. *Phys. Rev.*, 112:1940–1949, 1958.

[88] P. T. Ho. Phase and amplitude fluctuations in a mode-locked laser. *IEEE J. Quantum Electron.*, QE-21:1806–1813, 1985.

[89] D. W. Rush, G. L. Burdge, and P. T. Ho. The linewidth of a mode-locked semiconductor laser caused by spontaneous emission: Experimental comparision to single-mode operation. *IEEE J. Quantum Electron.*, QE-22:2088–2091, 1986.

[90] D. von der Linde. Characterization of the Noise in Continously Operating Mode-Locked Lasers. *Appl.Phys. B.*, 39:201–217, 1986.

[91] M. J. Rodwell, D. M. Bloom, and K. J. Weingarten. Subpicosecond Laser Timing Stabilization. *IEEE J. Quantum Electron.*, 25:817–827, 1989.

[92] http://www.home.agilent.com/agilent/product.jspx?pn=e4440a.

[93] A. Rahwanto, Y. Matsu, N. Nishizawa, T. Got, M. Mor, and K. Yamane. Timing Jitter in Amplitude Modulated Harmonically Mode-Locked Er-Doped Fiber Ring Lasers. *Opt. Review*, 6:355–358, 1999.

[94] J. Son, J. V. Rudd, and J. F. Whitaker. Noise characterization of a self-mode-locked Ti:sapphire laser. *Opt. Lett.*, 17:733–735, 1992.

[95] A. Finch, X. Zhu, P. N. Kean, and W. Sibbett. Noise Characterization of Mode-Locked Color-Center Laser Sources. *IEEE J. Quantum Electron.*, 26:1115–1123, 1990.

[96] S. Namiki, C. X. Yu, and H. A. Haus. Oberservation of nearly quantum-limited timing jitter in an all-fiber laser. *J. Opt. Soc. Am. B*, 13:2817–2833, 1996.

[97] M. E. Grein, H. A. Haus, Y. Chen, and E. P. Ippen. Quantum-limited timing jitter in actively modelocked lasers. *IEEE J. Quantum Electron.*, 40:1458–1470, 2004.

[98] D. E. Spence, J. M. Dudley, K. Lamb, W. E. Sleat, and W. Sibbett. Nearly quantum-limited timing jitter in a self-mode-locked Ti:sapphire laser. *Opt. Lett.*, 19:481–483, 1994.

[99] L. A. Jiang, M. E. Grein, E. P. Ippen, C. McNeilage, J. Searls, and H. Yokoyama. Quantum-limited noise performance of a mode-locked laser diode. *Opt. Lett.*, 27:49–51, 2002.

[100] E. Benkler, N. Haverkamp, H. R. Telle, R. Paschotta, B. Rudin, A. Schlatter, S. C. Zeller, G. J. Spühler, L. Krainer, and U. Keller. Nearly Quantum-Limited Noise Performance of Passively Mode-Locked 10-GHz Er:Yb:Glass Lasers. In *Conference on Lasers and Electro-Optics/Quantum Electronics and Laser Science and Photonic Applications Systems Technologies, Technical Digest (CD) (Optical Society of America, 2005), paper CThF6*, 2005.

[101] R. Paschotta, B. Rudin, A. Schlatter, G. J. Spühler, L. Krainer, S. C. Zeller, N. Haverkamp, H. R. Telle, and U. Keller. Relative timing jitter measurements with an indirect phase comparison method. *Appl. Phys. B*, 80:185–192, 2005.

[102] T. R. Schibli, J. Kim, O. Kuzucu, J. T. Gopinath, S. N. Tandon, G. S. Petrich, L. A. Kolodziejski, J. G. Fujimoto, E. P. Ippen, and F. X. Kärtner. Attosecond active synchronization of passively mode-locked lasers by balances cross correlation. *Opt. Lett.*, 28:947–949, 2003.

[103] http://www.eotech.com.

[104] http://www.innolight.de.

[105] H. R. Telle, B. Lipphardt, and J. Stenger. Kerr-lens, mode-locked lasers as transfer oscillators for optical frequency measurements. *Appl. Phys. B*, 74:1–6, 2002.

[106] N. Haverkamp, H. Hundertmark, C. Fallnich, and H. R. Telle. Frequency stabilization of mode-locked erbium fiber lasers using pump power control. *Appl. Phys. B*, 78:321–324, 2004.

[107] N. R. Newbury and W. C. Swann. Low-noise fiber-laser frequency combs (invited). *J. Opt. Soc. Am. B*, 24:1756–1770, 2007.

[108] I. Hartl, G. Imeshev, M. E. Fermann, C. Langrock, and M. M. Fejer. Integrated self-referenced frequency-comb laser based on a combination of fiber and waveguide technology. *Opt. Express*, 13:6490–6496, 2005.

[109] T. R. Schibli, I. Hartl, D. C. Yost, M. J. Martin, A. Marcinkevicius, M. E. Fermann, and J. Ye. Optical frequency comb with submilihertz linewidth and more than 10 W avarage power. *Nature Photonics*, 2:355–359, 2008.

[110] J. J. McFerran, W. C. Swann, B. R. Washburn, and N. R. Newburry. Elimination of pump-induced frequency jitter on fiber-laser frequency combs. *Opt. Lett.*, 31:1997–1999, 2006.

[111] E. Benkler, H. R. Telle, A. Zach, and F. Tauser. Circumvention of noise contributions in fiber laser based frequency combs. *Opt. Express*, 13:5662–5668, 2005.

[112] K. L. Corwin, N. R. Newburry, J. M. Dudley, S. Coen, S. A. Diddams, B. R. Washburn, K. Weber, and R. S. Windeler. Fundamental amplitude noise limitations to supercontinuum spectra generated in a microstructured fiber. *Appl. Phys. B*, 77:269–277, 2003.

[113] H. Sayinc, O. Prochnow, M. Schultz, D. Mortag, D. Wandt, D. Kracht, and J. Neumann. Pulse energy scaling of ultra-short pulse all-normal fiber lasers. *eingereicht bei Opt. Express*, Manuscript ID: 122373, 2010.

[114] T. M. Fortier, D. J. Jones, and S. T. Cundiff. Phase stabilization of an octave-spanning Ti:sapphire laser. *Opt. Lett.*, 28:2198–2190, 2003.

[115] T. R. Schibli, K. Minoshima, F. L. Hong, H. Inaba, A. Onae, H. Matsumoto, I. Hartl, and M. E. Fermann. Frequency metrology with a turnkey all-fiber system. *Opt. Lett.*, 29:2467–2469, 2004.

[116] F. Adler, K. Moutzouris, A. Leitenstorfer, H.Schnatz, B. Lipphardt, G. Grosche, and F. Tauser. Phase-locked two-branch erbium-doped fiber laser system for long-term precision measurements of optical frequencies. *Opt. Express*, 12:5872–5880, 2004.

[117] http://www.menlosystems.com.

[118] http://www.batop.de.

[119] R. Paschotta. Timing Jitter and Phase Noise of Mode-locked Fiber Lasers. *In Vorbereitung.*

Eigene Veröffentlichungen

Wissenschaftliche Zeitschriften

A. Ruehl, O. Prochnow, D. Wandt, D. Kracht, B. Burgoyne, N. Godbout, and S. Lacroix. Dynamics of parabolic pulses in an ultrafast fiber laser. *Opt. Lett.*, 31:2734–2736, 2006.

A. Ruehl, O. Prochnow, M. Engelbrecht, D. Wandt, and D. Kracht. Similariton laser with a hollow core photonic bandgap fiber for dispersion control. *Opt. Lett.*, 32:1084–1086, 2007.

O. Prochnow, A. Ruehl, M. Schultz, D. Wandt, and D. Kracht. All-fiber similariton laser at 1 µm without dispersion compensation. *Opt. Express*, 15:6889–6893, 2007.

M. Schultz, O. Prochnow, A. Ruehl, D. Wandt, D. Kracht, S. Ramachandran, and S. Ghalmi. Sub 60 fs ytterbium-doped fiber laser with a fiber-based dispersion compensation. *Opt. Lett.*, 32:2372–2374, 2007.

A. Ruehl, O. Prochnow, M. Schultz, D. Wandt, and D. Kracht. Impact of third-order dispersion on the generation of wave-breaking-free pulses in ultrafast fiber lasers. *Opt. Lett.*, 32:2590–2592, 2007.

M. Schultz, H. Karow, O. Prochnow, D. Wandt, U. Morgner, and D. Kracht. All-fiber ytterbium femtosecond laser without dispersion compensation. *Opt. Express*, 16:19562–19657, 2008.

O. Prochnow, R. Paschotta, E. Benkler, U. Morgner, J. Neumann, D. Wandt, and D. Kracht. Quantum-limited noise performance of a femtosecond all-fiber ytterbium laser. *Opt. Express*, 17:15525–15533, 2009.

Konferenzbeiträge

O. Prochnow, A. Rühl, D. Wandt und D. Kracht. Charakterisierung optischer Similaritonen erzeugt in einem passiv modengekoppelten Ytterbium-Faseroszillator. In *DPG Frühjahrstagung des AMOP, Q27.3*, 2006.

A. Rühl, O. Prochnow, D. Wandt, D. Kracht, B. Bourgoyne, N. Godbout und S. Lacroix. Simulationen der Dynamik parabolischer Pulse in Femtosekunden-Faserlasern. In *WLT Laser Summerschool*, 2006.

M. Schultz, O. Prochnow, A. Rühl, D. Wandt und D. Kracht. Erzeugung von dispersionsgesteuerten Solitonen und parabolischen Pulsen in einem Ultrakurzpuls Faserlaser bei 1µm. In *WLT Laser Summerschool*, 2006.

A. Ruehl, O. Prochnow, D. Wandt, C. Fallnich, and D. Kracht. Photonic Bandgap Fiber for Dispersion Management of Similaritons Around 1 µm. In *Conference on Lasers and Electro-Optics/Quantum Electronics and Laser Science Conference and Photonic Applications Systems Technologies, Technical Digest (CD) (Optical Society of America, 2006), paper JWB68*, 2006.

D. Wandt, O. Prochnow, M. Schultz, A. Ruehl, and D. Kracht. Streched-pulse and self-similar operation of an ultrafast Yb-doped fiber ring laser. In *Europhotonics*, 2006.

O. Prochnow, A. Rühl, M. Engelbrecht, H. Sayinc, M. Schultz, P. Weßels, D. Wandt und D. Kracht. Selbst-ähnliche Pulse in fs-Faserlasern. In *Norddeutscher Lasertag*, 2006.

A. Ruehl, O. Prochnow, D. Wandt, and D. Kracht. Similariton Fiber Laser around 1 µm with a Photonic Bandgap Fiber for Dispersion Control. In *Advanced Solid-State Photonics, OSA Technical Digest Series (CD) (Optical Society of America, 2007), paper TuB1*, 2007.

A. Ruehl, O. Prochnow, D. Wandt, D. Kracht, B. Burgoyne, N. Godbout, and S. Lacroix. Parabolic Pulse Regime of an Ultrafast Fiber Laser. In *Advanced Solid-State Photonics, OSA Technical Digest Series (CD) (Optical Society of America, 2007), paper TuB2*, 2007.

A. Ruehl, O. Prochnow, D. Wandt, and D. Kracht. Hybrid mode-locking scheme for similariton fiber lasers. In *CLEO/Europe and IQEC 2007 Conference Digest, (Optical Society of America, 2007), paper CJ1.5*, 2007.

O. Prochnow, A. Ruehl, M. Schultz, D. Wandt, and D. Kracht. Generation of supercontinua with parabolic pulses. In *CLEO/Europe and IQEC 2007 Conference Digest, (Optical Society of America, 2007), paper CF6.1*, 2007.

M. Schultz, O. Prochnow, A. Ruehl, M. Engelbrecht, D. Wandt, and D. Kracht. Stretched pulse and self-similar operation of an ultra-short pulse all-polarization maintaining fiber laser. In *CLEO/Europe and IQEC 2007 Conference Digest, (Optical Society of America, 2007), paper CJ.11*, 2007.

M. Schultz, O. Prochnow, A. Ruehl, S. Ramachandran, S. Ghalmi, D. Wandt, and D. Kracht. 52 fs Fiber Laser with a Fiber-Based Dispersion Control at 1 µm. In *Frontiers in Optics, OSA Technical Digest (CD) (Optical Society of America, 2007), paper FMF3*, 2007.

O. Prochnow, A. Ruehl, D. Wandt, and D. Kracht. Ultrafast Ytterbium fiber laser. In *Quantum-Atom Optics Downunder*, 2007.

O. Prochnow, A. Ruehl, D. Wandt, and D. Kracht. Ultrafast Ytterbium fiber laser. In *Quantum-Atom Optics, International Student Summer School*, 2007.

U. Buenting, P. Wessels, H. Sayinc, O. Prochnow, D. Wandt, and D. Kracht. Ultrafast Yb:KYW Regenerative Amplifier with Combined Gain Spectra of the Optical Axes Nm and Np. In *Advanced Solid-State Photonics, OSA Technical Digest Series (CD) (Optical Society of America, 2008), paper WB15*, 2008.

O. Prochnow, R. Paschotta, D. Wandt, U. Morgner und J. Neumann. Timing jitter of a mode-locked all-fiber laser. In *Norddeutscher Lasertag*, 2008.

R. Paschotta, O. Prochnow, D. Wandt, U. Morgner, and D. Kracht. Timing jitter of Mode-Locked Fiber Lasers. In *Advanced Solid-State Photonics, OSA Technical Digest Series (CD) (Optical Society of America, 2009), paper MB16, 2009.*

O. Prochnow, R. Paschotta, E. Benkler, U. Morgner, D. Wandt, D. Kracht, and J. Neumann. Quantum-limited noise performance of an ultrafast Yb all-fiber laser. In *CLEO/Europe and IQEC 2009 Conference Digest, (Optical Society of America, 2009), paper CF2.4*, 2009.

D. Kracht, M. Schultz, H. Karow, O. Prochnow, D. Wandt, and J. Neumann. Femtosecond Yb Fiber Lasers. In *22nd Annual Meeting of the IEEE Lasers and Electro-Optics Society, paper TuEE1*, 2009 (Invited).

Lebenslauf

Persönliche Daten

Name:	Oliver Prochnow
Geburtstag:	04.04.1980
Geburtsort:	Hannover, Deutschland
Nationalität:	Deutsch

Schulausbildung

1986 – 1988	Grundschule, Albert-Schweizer Schule, Wunstorf
1988 – 1990	Grundschule, Brüder-Grimm Schule, Letter
1990 – 1992	Orientierungsstufe, Geschwister-Scholl Schule, Letter
1992 – 1999	Georg-Büchner Gymnasium, Letter
30.06.1999	Abitur

Wehrdienst

09.1999 – 06.2000	6. Instandsetzungsbataillon 141, Neustadt a. Rbge.

Universitäre Ausbildung

09.2000 – 02.2006	Physik Studium an der Leibniz Universität Hannover
01.2005 – 01.2006	Durchführung der Diplomarbeit am Laser Zentrum Hannover e. V., Hannover
06.02.2006	Physik-Diplom Diplomarbeit: „Untersuchung von verschiedenen Pulsformungsprozesse in einem Femtosekunden Ytterbium Faserlaser“

Beruflicher Werdegang

07.2000 – 06.2003	Prochnow EDV-Dienstleistungs GmbH
11.2003 – 02.2006	Hilfswissenschaftler am Institut für Quantenoptik, Leibniz Universität Hannover
03.2006 – 09.2009	Wissenschaftlicher Mitarbeiter am Laser Zentrum Hannover e. V. innerhalb Sonderforschungsbereichs 407 „Quantum Limited Measurement Processes with Atoms, Molecules and Photons“

Danksagung

An dieser Stelle möchte ich allen danken, die direkt und indirekt zu dem Gelingen dieser Arbeit beigetragen haben; auch denjenigen, die nicht explizit erwähnt werden.

Ich möchte mich bei Prof. Dr. Uwe Morgner für die Betreuung und Begutachtung meiner Arbeit bedanken. Weiterhin danke ich Prof. Dr. Boris Chichkov für die Übernahme des Korreferats und Priv. Doz. Dr. Benno Willke für die Übernahme des Prüfungsvorsitzes.

Bei Dr. Dietmar Kracht möchte ich mich für die Möglichkeit bedanken meine Arbeit am Laser Zentrum Hannover e.V. durchführen zu können. Des Weiteren möchte ich mich bei Dr. Jörg Neumann und Dr. Dieter Wandt für die gute Unterstützung bedanken. Zusätzlich gilt mein Dank vor allem Hakan Sayinc, Dirk Mortag, Fritjhof Haxen, Nico Chichkov, Heike Karow, Peter Weßels und allen anderen Mitarbeitern der Entwicklungsabteilung am Laser Zentrum Hannover e.V. für die sehr angenehme Arbeitsatmosphäre, gute Zusammenarbeit und hohe Diskussionsbereitschaft. Nicht zu vergessen ist an dieser Stelle mein Bürokollege Michael Schultz, mit dem man auch immer sämtliche Probleme diskutieren konnte.

Ich bedanke mich für die finanzielle Unterstützung der Deutschen Forschungsgemeinschaft im Rahmen des SFB 407, die diese Arbeit ermöglichte.

Ein ganz besonderer Dank geht an Dr. Rüdiger Paschotta, Dr. Erik Benkler und Dr. Harald Telle, die sehr viel zu dem Gelingen dieser Arbeit beigetragen haben. Zusätzlich möchte ich mich noch einmal für die Besuche am Laser Zentrum Hannover e.V. und die vielen hervorragenden Diskussionen bedanken, die mich sehr viel weiter gebracht haben.

Bei Jan Matyschok möchte ich mich recht herzlich für die einzigartig gute Unterstützung im Labor bedanken, die für mich sehr hilfreich war.

In meinem nahen persönlichen Umfeld möchte ich mich ganz besonders bei meiner Freundin Anja Krause bedanken, die diese nicht immer leichten Zeiten so hervorragend mit mir durchgestanden hat und mich immer unterstützt hat. Auch bei meinen Eltern Renate und Georg Prochnow möchte ich mich natürlich für ihre großartige Unterstützung bedanken. Nicht zu vergessen sind alle Freunde, die mich ebenfalls immer wieder neu motiviert haben, allen voran Hakan Sayinc und Nils Wessel-Schulze.